"十三五"国家重点出版物出版规划项目

丛书主编　田如森

筑梦科技 九天揽月
航天篇

尹怀勤　编著

科学普及出版社

·北京·

图书在版编目（CIP）数据

九天揽月 / 尹怀勤编著. -- 北京：科学普及出版社，2019.9
（筑梦科技 / 田如森主编. 航天篇）
　ISBN 978-7-110-09633-8

Ⅰ．①九… Ⅱ．①尹… Ⅲ．①月球探索－青少年读物
Ⅳ．①V1-49

中国版本图书馆CIP数据核字(2017)第174185号

策划编辑　许　慧　李　红　张秀智
责任编辑　何红哲
责任校对　蒋宵宵
责任印制　李晓霖
装帧设计　北京高博特广告有限公司

出　　版　科学普及出版社
发　　行　中国科学技术出版社有限公司发行部
地　　址　北京市海淀区中关村南大街16号
邮　　编　100081
发行电话　010-62173865
传　　真　010-62173081
网　　址　http://www.cspbooks.com.cn

开　　本　787mm×1092mm　1/16
字　　数　160千字
印　　张　7
版　　次　2019年9月第1版
印　　次　2019年9月第1次印刷
印　　刷　北京博海升彩色印刷有限公司
书　　号　ISBN 978-7-110-09633-8/V·38
定　　价　49.00元

《筑梦科技·航天篇》编委会

前　言

月球作为地球的天然卫星，人们通常将其称为月亮。我国自古以来就在民间广泛流传着嫦娥奔月、吴刚伐桂、玉兔捣药等许多美丽的神话传说，把月球称作天上的广寒宫，并一直保留着中秋节赏月的传统。此外，还流传着"月儿弯弯照九州，几家欢乐几家愁"等民间歌谣。

虽然用现代大型望远镜从地面观测月球，已经否定了关于月球的种种传说，但是实际情况究竟怎样，仍然对人们有着极大的诱惑力。月球始终以同一面向着地球，另一面从地面上永远观测不到，一直保留着神秘感。正因如此，人类掌握航天技术以后，月球就成了航天探测的重点对象和第一个地外天体。航天界将月球定位为深空的起点，把对月球及其更远的天体的探测均称为深空探测。在对外天体的探测中，飞往月球的航天器和探测方式是最多的，有的还采样返回地球。更为突出的是，已有很多航天员登上月球，进行了多种实验，还带回了更多的月岩样品。我国的探月工程被命名为嫦娥工程，不仅体现了航天高科技与中华传统文化深厚底蕴的完美结合，而且说明了科技工作者也是文化的传播者。正在顺利实施的嫦娥工程，取得了一系列的探测成果，已成为成功率最高的探月工程。目前，包括我国在内的世界上多个国家在进行探月的同时，下一步计划实施载人登月，随后将择机建立月球基地，以开发和利用月球资源。本书将介绍这方面已取得的成果和有关的情况，希望大家能够喜欢。

尹怀勤

2018 年 11 月

CONTENTS
目录

两颗嫦娥卫星探月宫

为了开展探月研究，我国制定了嫦娥工程计划，确定了"绕、落、回"的三步走目标。我国的探月工程由探月器、运载火箭、发射场、测控和地面应用五大系统组成。首个探月器就是嫦娥一号卫星。2003 年由孙家栋担任探月工程总设计师。

嫦娥一号卫星太阳翼光照试验

嫦娥一号卫星整体吊装

嫦娥一号卫星发射

链接 孙家栋：中国第一颗人造地球卫星技术负责人

孙家栋，1929年4月生于辽宁瓦房店市，1951年被派往苏联茹科夫斯基工程学院学习飞机发动机专业，1958年毕业并获得全苏斯大林金质奖章，同年回国后被分配到国防部第五研究院一分院从事导弹工作。1960年担任型号总体主任设计师，1967年担任中国第一颗人造地球卫星技术负责人，1989年担任中国火箭进入国际市场谈判代表团团长。1985年获两项国家科技进步奖特等奖，1992年当选中国科学院院士，1996年当选国际欧亚科学院院士，1999年被授予"两弹一星"功勋奖章，2010年获得2009年度国家最高科学技术奖。在中国自主研制发射的100个航天飞行器中，由孙家栋担任技术负责人、总设计师或总工程师的就有34颗，占整个中国航天飞行器的1/3。在研制试验过程中，他深入实际、艰苦奋斗，带领科技人员攻克了多项关键技术，解决了一系列技术难题，为中国航天事业做出了重要贡献。

　　孙家栋是中国月球探测的主要倡导者之一，提出了2020年前中国月球探测工程分三个阶段的实施方案，明确了中国月球探测的发展方向、目标和路线图。他担任月球探测一期工程的总设计师，确定了工程目标和工程总体方案，对工程各大系统的技术途径做出了重要决策。

嫦娥一号卫星检测

厂房中的嫦娥一号卫星

嫦娥一号卫星

嫦娥一号卫星质量为 2.35 吨，本体为 2 米 ×1.729 米 ×2.2 米的六面体，装有一台变轨发动机和多台姿控发动机。星上装置有效载荷 130 千克，由 8 种科学仪器和相关设备组成，肩负着获取月面三维彩色影像、探明月面 14 种元素的含量和分布、初步测量月壤厚度和探测地月空间环境 4 项使命。

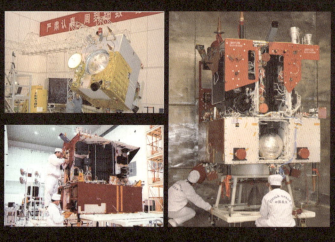

嫦娥一号月球探测卫星在技术厂房

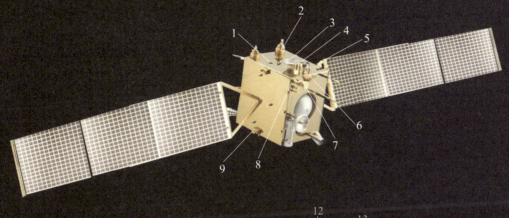

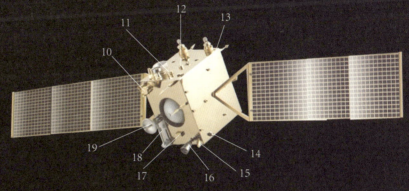

1. 卫星本体
2. 紫外线传感器
3. 微波低端观测天线
4. 微波高端观测天线组合
5. X 谱仪
6. "0-1" 式太阳敏感器
7. 微波低端定标天线
8. 微波高端定标天线组合
9. 推力器
10. 发射天线A
11. 干涉成像光谱仪，CCD 相机
12. 激光高度计探头
13. 太阳翼紧定座
14. 太阳风离子探测器
15. 数字太阳敏感器
16. 星敏感器A
17. 模拟式太阳敏感器
18. 接收天线A
19. 数传定向天线

20. 发动机
21. 发射天线
22. 推力器
23. 接收天线
24. 太阳翼连接架
25. 太阳能电池帆板
26. 全向信标天线
27. 分离开关
28. 星敏感器B
29. "0-1" 式太阳敏感器
30. 推进器贮箱
31. 星敏感器C

嫦娥一号卫星结构图

长征三号甲运载火箭成功发射嫦娥一号

2007 年 10 月 24 日，长征三号甲运载火箭从西昌发射中心起飞将嫦娥一号送入太空预定轨道后，卫星经多次变轨飞行，于同年 11 月 7 日进入周期为 127 分钟、飞经月球南北极、距月面 200 千米高的圆形轨道运行。卫星在额定的一年工作期间，全面探测月球 13 次，完成了肩负的任务，其获得的数据资料均以无线电信号发回地球。2008 年 11 月 12 日，用嫦娥一号拍摄数据制作完成的中国第一幅全月球影像图公布，成为世界上已亮相的月球同类图中最完整的一幅，质量达到了国际先进水平。

2008 年 11 月 7 日，嫦娥一号完成在轨设计寿命后，状态依然良好。为充分发挥其潜能，从同年 11 月 8 日开始，卫星又进行了后续在轨试验和多次变轨试验，轨道高度先由 200 千米降为 100 千米后又降为 15 千米、再升高到 100 千米，不仅获取了大量有价值的科学数据，而且证明了卫星适应环境能力仍有余量。2009 年 3 月 1 日，卫星在北京航天飞控中心的精确遥控下，准确落于月球东经 52°36′、南纬 1°50′的预定撞击点。在撞击过程中，星上 CCD 相机实时传回了清晰的图像。至此，我国首个探月器在太空飞行 494 天、绕月探测 482 天后，终于完美落幕。特别令人惊喜的是，为嫦娥一号准备的多个故障预案一个都没有用上，说明其研制质量确属世界一流。

中国第一幅全月球影像图

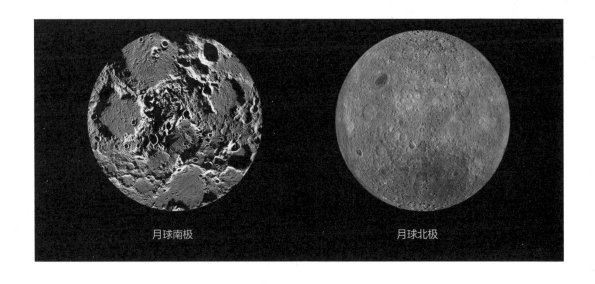

月球南极   月球北极

落月探测的先导星——嫦娥二号

鉴于是首次研制和发射探月卫星，要迈出深空探测的步伐，在我国航天发展史上竖起第三个里程碑，故而起步工作非常谨慎，当时就为嫦娥一号准备了一颗备份星。目的是万一前者发射失利，很快就能进行补充发射。

随后的实践表明，嫦娥一号的发射和探测工作顺利地完成了探月工程一期任务，备份星已失去了存在的必要，遂将其加以改进创新，并更名为嫦娥二号，作为第二步落月探测的先导星予以使用。正缘于此，它与嫦娥一号的体积差别不大。两者的主要区别就在于嫦娥二号质量稍有增加，达到 2.48 吨，携带 CCD 立体相机、激光高度计、X 射线谱仪、γ 射线谱仪、微波探测器、太阳高能粒子探测器、太阳风离子探测器共 7 种科学仪器，性能更为精密。

嫦娥二号拥有 214 台硬件设备，其中继承了嫦娥一号的产品占 85％，做过适应性修改的产品约占 10％，新研制的产品约有 5％。它的绕月飞行轨道高度确定为 100 千米，最低时为 15 千米。同时，科研人员为它安装了分辨率为 10 米的 CCD 相机，与嫦娥一号 120 米分辨率的同类相机相比，能够拍摄到更详细的月球表面和月极地区的影像数据。嫦娥二号的任务是进一步深化嫦娥一号月球科学探测，同时肩负着为嫦娥三号探路的使命。

嫦娥二号卫星热真空试验吊装

2010 年 10 月 1 日，长征三号丙运载火箭头顶着嫦娥二号从西昌发射中心拔地而起，一举把嫦娥二号直接送入奔月轨道，标志着我国成功发射了第二颗探月卫星。总的来说，与嫦娥一号任务相比，嫦娥二号有 6 个方面的技术创新。除直接飞向奔月轨道、降低绕月轨道高度、验证 X 频段深空测控体制外，还要验证近月椭圆轨道机动与快速测定轨技术，试验全新的立体相机对嫦娥三号预选着陆区进行高分辨率成像技术，并验证大幅提高的数据传输能力。卫星设计寿命为 6 个月，它携带着 650 余千克的燃料供变轨发动机和多台姿控发动机使用。

嫦娥二号卫星与整流罩合拢

嫦娥二号卫星力学试验

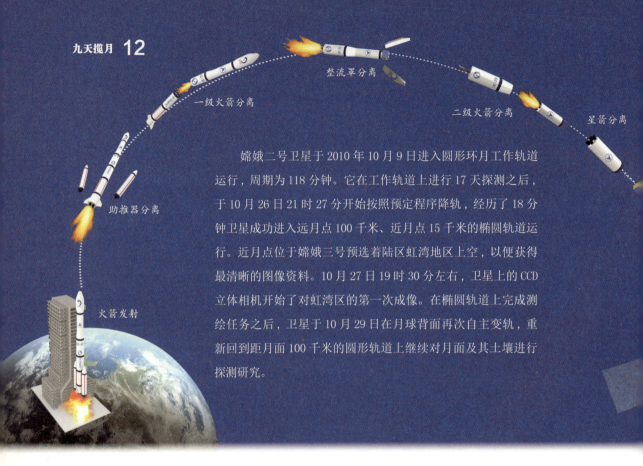

一级火箭分离

整流罩分离

二级火箭分离

星箭分离

助推器分离

火箭发射

嫦娥二号卫星于 2010 年 10 月 9 日进入圆形环月工作轨道运行，周期为 118 分钟。它在工作轨道上进行 17 天探测之后，于 10 月 26 日 21 时 27 分开始按照预定程序降轨，经历了 18 分钟卫星成功进入远月点 100 千米、近月点 15 千米的椭圆轨道运行。近月点位于嫦娥三号预选着陆区虹湾地区上空，以便获得最清晰的图像资料。10 月 27 日 19 时 30 分左右，卫星上的 CCD 立体相机开始了对虹湾区的第一次成像。在椭圆轨道上完成测绘任务之后，卫星于 10 月 29 日在月球背面再次自主变轨，重新回到距月面 100 千米的圆形轨道上继续对月面及其土壤进行探测研究。

卫星在 100 千米高的轨道上工作时，其相机分辨率是 10 米，在 15 千米高的轨道上工作时，其相机分辨率为 1.5 米，能够拍取更清晰的图像。虽然在轨运行时间比嫦娥一号要短很多，但卫星获得的数据要比前者更多，数据精度也更高。由嫦娥二号拍摄的分辨率达到米级的月面虹湾区局部影像图于 2010 年 11 月 8 日精彩亮相。当天，国家国防科技工业局举行了嫦娥二号虹湾局部影像图揭幕仪式。

这张月面虹湾局部影像图的成像时间为 2010 年 10 月 28 日 18 时 25 分，卫星距月面约 18.7 千米，分辨率约为 1.3 米超过了原先预定的 1.5 米的指标。影像图中心位置为西经 31° 3′、北纬 43° 4′，对应月面东西宽约 8 千米，南北长约 15.9 千米。影像图显示，该区域表面较平坦，由玄武岩质的月壤覆盖，分布有不同大小的环形坑和石块，其中最大的环形坑直径约 2 千米。

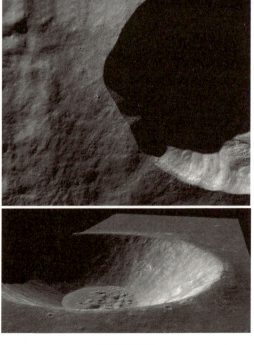

虹湾局部影像

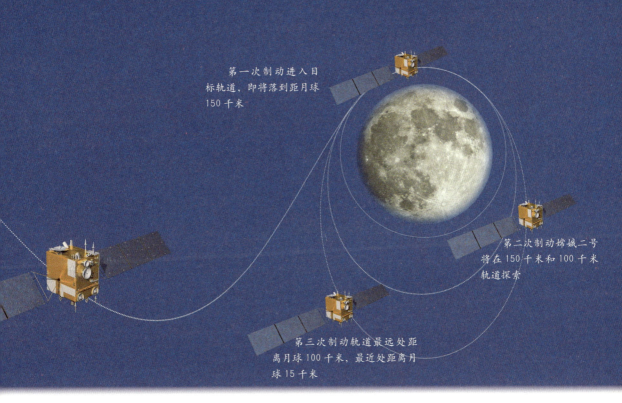

第一次制动进入目
标轨道，即将落到距月球
150 千米

第二次制动嫦娥二号
将在 150 千米和 100 千米
轨道探索

第三次制动轨道最远处距
离月球 100 千米，最近处距离月
球 15 千米

嫦娥二号卫星运行图解

卫星测试

嫦娥二号原来设计工作寿命为半年，到 2011 年 4 月 1 日，已经完全实现了预定目标。它的圆满成功，不仅使我国发射的探月器成功率达到 100%，而且使人类的探月尝试成功率过半。鉴于它仍然有不少燃料，航天专家们决定用其开展三项拓展性试验任务。第一项是补全月球南北两极的图像；第二项是再次降至近月点 15 千米轨道高度，对虹湾地区进行高分辨率的成像。这两项试验而已经在 2011 年 5 月 23 日全部完成。剩下的第三项，也是最重要的一项，就是择机从月球逃逸，飞往更远的深空。

嫦娥二号刷新"中国高度"

2011 年 6 月 9 日，嫦娥二号成功飞离月球，奔向距离地球 150 万千米的日地第二拉格朗日点，开始执行其肩负的第三项拓展性试验任务。此飞行具有两大亮点：对中国航天而言，是航天器第一次飞向遥远的深空；对世界航天而言，是航天器首次由绕月轨道飞向拉格朗日点。

主发动机点火推动嫦娥二号飞离绕月轨道

嫦娥二号在转移飞行段征途中，地面测控系统择机开展远距离的测控通信、轨道控制，对卫星进行两次中途轨道修正，保证其按预设路线飞行。第二拉格朗日点位于日地连线的延长线上，处于地球的外侧。其特点是以与地球相同的角速度绕日运行，此处的太阳引力与地球引力相等，位置与地球、太阳的相互关系稳定，故又称引力平衡点，通常叫作平动点。利用该点的位置优势，可以安排天文望远镜等观测设备。从地球到月球，嫦娥二号仅飞行了 5 天时间。当其到达第二拉格朗日点附近时，卫星按照地面遥控指令调整姿态、改变方向，开始环绕运行段的飞行，其轨道面垂直于日地连线。显而易见，嫦娥二号的此次拓展性试验对我国开展深空探测活动起到了承上启下的作用。

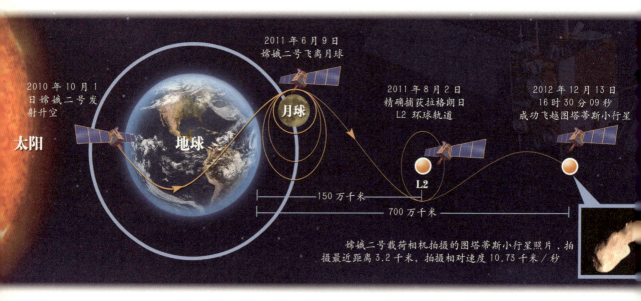

嫦娥二号卫星飞行路径图解

2012 年 6 月 1 日，嫦娥二号成功脱离 L2 点环绕轨道，开始了中国航天史上新的太空长征，并于同年 12 月 13 日在距离地球约 700 万千米处与国际编号 4179 的图塔蒂斯小行星成功交会。当时嫦娥二号以 10.73 千米 / 秒的相对速度，在最近相对距离达 3.2 千米时与图塔蒂斯小行星由远及近"擦肩而过"，首次实现中国对小行星的飞越探测。两者交会时，嫦娥二号星载监视相机还对图塔蒂斯小行星进行光学成像，在国际上首次实现对该小行星近距离探测。至此，嫦娥二号再拓展试验圆满成功，成为我国首颗飞入行星际的探测器，使中国迈进了原本只有美欧日成员的小行星探测俱乐部。

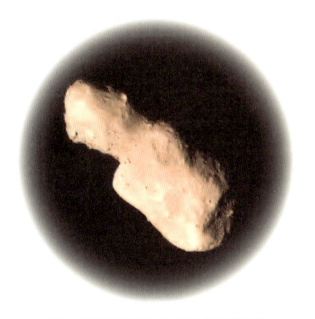

嫦娥二号星载监视相机对小行星进行了光学成像

飞越探测图塔蒂斯小行星之后，嫦娥二号卫星继续向更远的深空飞行，于 2013 年 1 月 5 日成功突破与地球 1000 万千米的距离，实现了中国航天深空探测新的跨越。2013 年 2 月 28 日，嫦娥二号卫星与地球间距离成功突破 2000 万千米，我国月球及深空探测能力实现了新的跃升。2013 年 4 月 11 日突破 3000 万千米，5 月 24 日突破 4000 万千米，7 月 14 日突破 5000 万千米，11 月 26 日突破 6000 万千米，2014 年 2 月 14 日突破 7000 万千米，不断刷新中国高度。

嫦娥二号在轨运行状态一直良好，正继续向更远的深空飞行。星地距离于 2014 年 7 月已经突破 1 亿千米，最远将飞行至距离地球 3 亿千米处，并计划于 2029 年前后回归至距离地球 700 多万千米的近地点。嫦娥二号已成为我国首个人造太阳系小行星。嫦娥二号最后会不会回到地球？龙乐豪院士表示："不会，会让嫦娥二号在太空自由飞行，一直到能源耗尽。"

嫦娥二号卫星实现了多任务、多目标探测，积累了丰富的在轨数据和工程经验，对我国后续深空探测器的研制、发射和测控具有重要的借鉴意义。

嫦娥二号获取的全月图

长征三号丙运载火箭

长征三号丙运载火箭是在长征三号乙运载火箭的基础上由中国运载火箭技术研究院研制成功的。长征三号丙运载火箭是将长征三号乙运载火箭第一级的 4 个助推器减少两个并取消助推器上的尾翼而形成的，全箭起飞质量345吨，全长54.838米，第一、第二级直径3.35米、助推器直径2.25米，第三级直径3.0米，卫星整流罩最大直径4.0米。它的第一级、助推器和第二级都使用偏二甲肼和四氧化二氮作为推进剂，而第三级则使用效能更高的液氢和液氧作为推进剂。其主要任务是发射地球同步转移轨道的有效载荷，可以进行一箭多星发射或发射其他轨道的卫星。火箭的地球同步转移轨道的运载能力为3.8吨。嫦娥二号质量为2.48吨，因此长征三号丙运载火箭能将其送入奔月轨道。待卫星到达月球附近后，即按地面遥控指令启动本身携带的火箭发动机工作，进入绕月轨道运行。

长征三号丙运载火箭矗立在发射架上

长征三号丙运载火箭在技术厂房

长征三号丙运载火箭是继长征三号甲与长征三号乙之后长征系列运载火箭的又一成员。除在它的一级捆绑有两个助推器外，其余结构部分、分系统与长征三号乙运载火箭基本相同。全箭由箭体结构、动力系统、控制系统、遥测系统、外测安全系统、滑行段推进剂管理与姿态控制系统、低温推进剂利用系统、分离系统以及辅助系统等组成。长征三号丙运载火箭现已正式投入国际卫星商业发射服务市场。2008 年 4 月 25 日，长征三号丙运载火箭获首次发射成功。它的推出为用户根据有效载荷的质量和任务要求而灵活选用长征火箭拓宽了范围。

技术人员对长征三号丙运载火箭三级发动机大喷管进行检测

蓄势待发的嫦娥二号卫星

长征三号丙运载总装

长征三号丙运载火箭整流罩

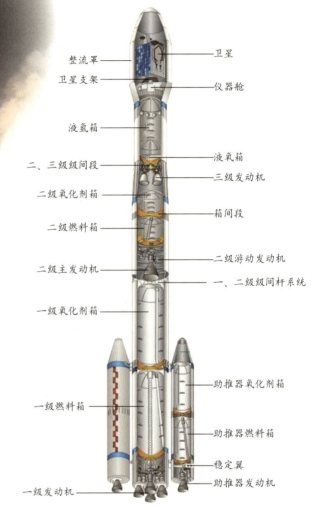

整流罩

卫星

卫星支架

仪器舱

液氢箱

液氧箱

二、三级级间段

三级发动机

二级氧化剂箱

箱间段

二级燃料箱

二级游动发动机

二级主发动机

一、二级级间杆系统

一级氧化剂箱

一级燃料箱

助推器氧化剂箱

助推器燃料箱

稳定翼

一级发动机

助推器发动机

长征三号丙运载火箭结构图

火箭第一级长 23.272 米，上部是装有液体四氧化二氮的氧化剂箱，下部是装有液体偏二甲肼的燃烧剂箱，底部是发动机。第一级装配的发动机是由 4 台推力为 75 吨的液体四氧化二氮与偏二甲肼的发动机并联而成的。每台发动机的喷口可以在伺服机构的带动下单向摆动以控制火箭飞行的姿态，最大的摆动方向角为 10°。

每枚助推器捆长 15.326 米，上部是装有液体四氧化二氮的氧化剂箱，下部是装有液体偏二甲肼的燃烧剂箱，底部是发动机。两个助推器各配有一台推力为 75 吨的发动机，喷管固定而不摆动。

第二级长 9.943 米，上部是装有液体四氧化二氮的氧化剂箱，下部是装有液体偏二甲肼的燃烧剂箱，底部是发动机。第二级装配有 75 吨推力的主发动机和带 4 个小喷管、推力为 4.8 吨的游动发动机。主发动机喷管固定不动，游动发动机喷管可作单向摆动，最大摆角 60°，以控制箭体飞行姿态。

第三级长 12.375 米，上部是装有液氢的燃烧剂箱，下部是装有液氧的氧化剂箱，底部是发动机。第三级采用的是氢氧发动机，具有二次启动能力，由两台独立的单管发动机并联而成，每台推力为 8 吨，可在伺服机构的带动下双向摆动，最大综合摆角 4°，控制第三级箭体飞行姿态。

链接　美国航天员曾在月球上"找"嫦娥

2013年11月27日新华社报道，中国首辆月球车得名玉兔号后，一段阿波罗11号航天员在人类首次登月当天谈论登月后寻找嫦娥、玉兔的录音文本在互联网上迅速走红。根据美国宇航局网站上记录的阿波罗11号通讯档案，1969年7月20日，在休斯敦地面飞控中心的罗纳德·埃文斯对太空中准备登月的航天员说："有人要你们（在月球）注意一个带着大兔子的可爱姑娘。在一个古老的传说中，一个叫嫦娥的中国美女已经在那里住了4000年……你们也可以找找她的伙伴——一只中国大兔子。这只兔子很容易找，因为它总是站在月桂树下。"阿波罗11号航天员迈克尔·科林斯立刻回答说："好的，我们会密切关注这位兔女郎。"当时，科林斯留守指挥舱中，他的同伴尼尔·阿姆斯特朗和巴兹·奥尔德林正准备乘登月舱登陆月球表面。美国行星科学家埃米莉·勒科达瓦拉说："这真是一件值得分享的轶事，看来，奥尔德林和阿姆斯特朗44年前就已经在月球上寻找嫦娥和玉兔了。"

由此可见，当时对嫦娥三号月球探测器将于2013年12月2日携带玉兔号月球车奔月，不少美国科研人员纷纷表达了自己的兴奋之情。全球太空科学爱好者在多个科技论坛中谈论着这一任务，嫦娥和玉兔也成为他们谈论的热门话题。美国加州大学洛杉矶分校的专家迈克尔·里奇对记者说："我们对嫦娥奔月行动充满期待。"

嫦娥三号月球探测器由着陆器和巡视器（即玉兔号月球车）组成，并在月面实现软着陆。美国航天员曾在月球上"找"嫦娥的轶闻在嫦娥三号发射前披露出来，不仅说明了中国月文化具有的深远影响，而且标志着我国航天器软着陆月球已经引起世人的广泛关注。

美国航天员曾在月球上"找"嫦娥

嫦娥三号成功着陆月球

2013 年 12 月 2 日，我国长征三号乙运载火箭从西昌发射中心起飞，成功发射了由着陆器和巡视器组成的嫦娥三号探测器。12 月 14 日，嫦娥三号成功软着陆月球虹湾地区，并于 15 日释放了玉兔号月球车，然后月球车在月面进行巡视考察，着陆器就地开展探测工作。

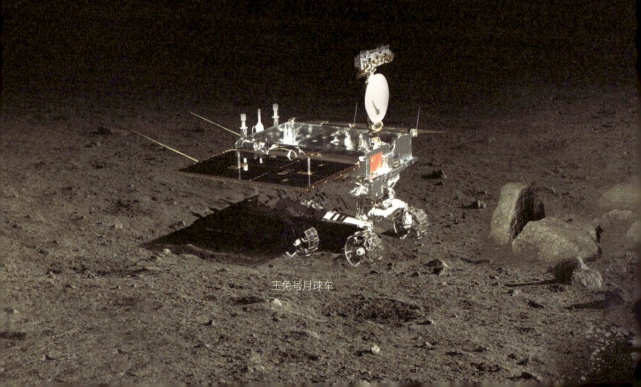

玉兔号月球车

长征三号乙运载火箭

长征三号乙运载火箭

长征三号乙运载火箭是由中国运载火箭技术研究院研制成功的我国在国际发射服务市场上的主推火箭，它实际上是以长征三号甲运载火箭作为芯级，在其一级周围捆绑了长征二号捆绑式运载火箭的4个助推器，并采用了加长、加强的二级贮箱，其地球同步转移轨道运载能力一跃达到5.1吨。嫦娥三号探测器重量为3.78吨，因此长征三号乙运载火箭能够将其送入奔月轨道。

长征三号乙运载火箭矗立在发射架上

长征三号乙运载火箭成功发射嫦娥三号

长征三号乙运载火箭具有运载能力大、适应性强、继承性好等优点，是我国目前运载能力最大、技术最先进、构成最复杂的运载火箭，代表中国当前运载火箭技术的最高水平，在世界航天界也居前列。它还可执行其他轨道要求的任务并能满足有效载荷调姿、再定向和起旋要求，以及双星和多星发射的要求等。长征三号乙运载火箭可提供多种整流罩以适应不同用户的需要。长征三号乙运载火箭在 1997 年 8 月和 10 月成功发射了菲律宾马部海卫星和亚太二号 R 卫星，并于 2013 年 12 月 2 日凌晨 1 时 30 分成功发射了我国自主研发的嫦娥三号月球探测器。

长征三号乙运载火箭成功发射新一代北斗卫星

长征三号乙运载火箭执行商业发射任务

长征三号乙运载火箭主要用于发射地球同步轨道卫星，其运载能力达到 5.1 吨，是中国用于商业卫星发射服务的主力火箭。全箭起飞质量 465 吨，全长 54.838 米，第一、第二级直径 3.35 米、助推器直径 2.25 米，第三级直径 3.0 米，卫星整流罩最大直径 4.0 米。它的第一级、助推器和第二级使用偏二甲肼和四氧化二氮作为推进剂，第三级则使用效能更高的液氢和液氧作为推进剂。全箭由箭体结构、动力系统、控制系统、遥测系统、外测安全系统、滑行段推进剂管理与姿态控制系统、低温推进剂利用系统、分离系统以及辅助系统等组成。长征三号乙运载火箭性能优异，安全可靠，在 26 次发射任务中，除第一次失败以外均发射成功，成功率高达 96%。

轨道修正

地月转移轨道

减速制动

顺利完成三次轨道制动

　　长征三号乙运载火箭升空飞行 19 分钟后，器箭分离，嫦娥三号以约 10.9 千米／秒的速度顺利进入近地点高度 210 千米，远地点高度约 36.8 万千米的地月转移轨道。嫦娥三号经过两次中途轨道修正和 4 天的飞奔后，于 2013 年 12 月 6 日飞行至月球附近，并在当日 17 时 53 分实施近月制动且取得圆满成功，进入距月面平均高度 100 千米的环月圆形轨道运行。近月制动是嫦娥三号飞行过程中一次关键性的轨道控制，因为当时它的速度高于月球逃逸速度 2.376 千米／秒，如果不能有效减速制动，探测器将飞离月球，而如果减速过大，探测器则将撞向月球。与嫦娥一号、嫦娥二号任务分步实施近月制动不同，此次近月制动使用新研制的 7500 牛变推力发动机，采用一次制动达到目标轨道的控制策略，对探测器的控制系统和推进系统都提出了更高要求。

　　2013 年 12 月 10 日 21 时 20 分，嫦娥三号成功实施变轨控制，从 100 千米高的环月圆形轨道，降至近月点约 15 千米、远月点约 100 千米的椭圆轨道。这是嫦娥三号预定的月面着陆准备轨道。此次轨道机动是在月球背面开始实施的，其近月点位于月球朝向地球一面的虹湾区域上空。至此，嫦娥三号已顺利通过轨道修正、减速制动和绕月变轨 3 次"大考"，即将进行此次任务中最关键的落月环节。

　　选择这种飞行方式，虽然环月运行时间较长，但有比较充分的时间用于选择、控制着陆时机和对设备进行测试，落点精度高。此次变轨是嫦娥三号进入动力下降段前最后一次轨道调整：变轨后的探测器将对飞行姿态、软着陆数据等再次进行确认。经过 4 天在轨运行后，它从距离月面 15 千米的近月点开始下降实施软着陆过程，并于 2013 年 12 月 14 日 21 时 11 分安全降落到月球表面西经 19°5′、北纬 44°1 的虹湾东部区域，使我国成为世界上继美国、俄罗斯之后第三个实现探测器在月球软着陆的国家。着陆器的位置非常好，着陆后几乎是完全垂直的，倾角只有 1°～2°。

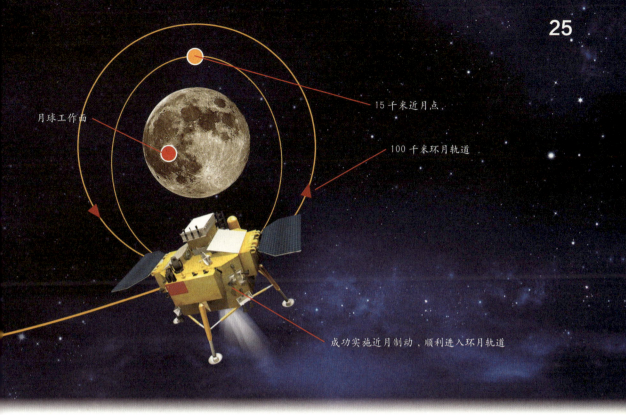

月球工作面

15千米近月点

100千米环月轨道

成功实施近月制动，顺利进入环月轨道

嫦娥三号月球探月器落月示意图

嫦娥三号之所以要进行8天的环月飞行，再择机实施动力下降和月面软着陆，主要是依据落月的时间及地点要求决定的。首先，由于在环月的过程中月球也在自转，为了使嫦娥三号准确降落在虹湾区域，探月器必须运行到和月球合适的相对位置才能开始下降。其次，落月时间必须要在月球白天的上午，这样才能在中午月球高温到来之前完成玉兔号月球车与着陆器的分离。不仅如此，在环月过程中，探测器会周期性地运行到阳照区和阴影区，嫦娥三号必须在阳照区利用太阳能帆板（即太阳翼）进行充电，地面飞控人员也需要检查探测器的安全状况，确保其工作状态稳定后才能发出落月指令。如果让探测器在接近月球时不进行环月飞行制动下降实现月表软着陆，虽然这种方式轨道较为简单，飞行时间短，但是对轨道的测控精度要求较高，减速过载较大，对发射窗口要求极其严格，落点精度不高，因而未被采用。

嫦娥三号其所以选择软着陆于月球正面的虹湾地区，是因为该地区位于月球北纬43°、西经31°左右，南北宽约100千米，东西长约236千米，是一个半圆形的开阔湾地。地形较为简单的虹湾，是一片没有突出的高山与沟壑的平原，地势平坦，起伏较小，障碍物少，探测器在此降落比较容易着陆。虹湾地区处在月球正面中纬度位置，太阳光照充足，温度不是很高，既能满足着陆器和月球车对太阳能电池发电的要求，又不会把它们烤坏了。同时容易建立和实现测控通信链路，保证地月之间的及时联系，以便地面飞控中心随时掌控着陆器和月球车的所处状态和工作情况。

从科研价值角度考虑，苏联软着陆月面的2个无人月球车和美国阿波罗飞船载人登月的航天员驾驶3个月球车都未去过虹湾地区，而我国玉兔号月球车巡视虹湾，研究的对象区域不同，获得的科学数据可以同此前的资料互相补充，以取得相得益彰的成果。同时，嫦娥二号卫星曾于2010年10月下旬用CCD立体相机对嫦娥三号预选着陆区虹湾地区完成测绘成像任务，这为嫦娥三号软着陆虹湾地区提供了参照和依据。

嫦娥三号探测器

成功降落月球虹湾地区

　　2013 年 12 月 14 日晚，嫦娥三号成功降落在月球虹湾预定着陆区。这次风险极大的软着陆经历了扣人心弦的 720 秒时间。

　　在开始着陆前的环绕月球 8 天的飞行中，嫦娥三号完成了充电、变轨等动作，涉及轨道测量、参数复算、飞行指令发送等，都是精度要求高并且耗时的工作。由于月球上没有大气，嫦娥三号无法依靠降落伞着陆，只能利用着陆器上的反推力火箭发动机完成减速、悬停等一系列动作。它携装的主发动机是我国航天器目前最大变推力的发动机，能够产生 1500 ～ 7500 牛的可调节推力，进而对嫦娥三号实现精准控制。

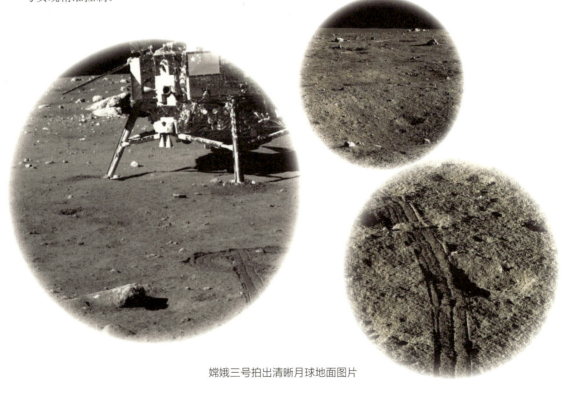

嫦娥三号拍出清晰月球地面图片

2013年12月14日20时59分，嫦娥三号在近月点15千米处以抛物线下降，变推力发动机开机，相对速度从1.7千米/秒逐渐下降，以便实现软着陆。整个过程主要靠探测器自主完成，人工干预的可能性几乎为零。在这个时间段内测控跟不上，地面接收信号判断后再发指令上去执行根本来不及，探测器只能按照事先设定好的程序开展工作。也就是说，在整个下降过程中，探测器的飞行速度、高度、姿态和调整、制导和导航，包括避障和着陆点的选择，都由它完全自主控制。鉴于软着陆是一个不可逆的过程，开弓没有回头箭，自从动力下降的指令注入，反推火箭发动机点火开始，嫦娥三号就失去了重新再来的机会。根据设定的方案，它的动力下降过程分为6个阶段：主减速段、快速调整段、接近段、悬停段、避障段和缓速下降段。从距离月面15千米到软着陆成功的12分钟时间里，嫦娥三号的速度从1.7千米/秒逐渐下降到零，飞行姿态调整90°，还要在控制过程中适应随着发动机推进剂的消耗，探测器体重从3吨多降到1吨多。当嫦娥三号平稳地站在月球虹湾地区表面，月面软着陆获得成功后，探测器专家组组长叶培建院士难掩激情地说："比预想的还要完美！"

嫦娥三号探测器降落月球的示意图

玉兔号月球车

玉兔号"轮胎"轨迹在月球表面

负责导航、制导和控制的是探测器的大脑GNC分系统。它要和降落相机、4支着陆缓冲机构以及动力系统等通力合作完成整个软着陆过程。由于着陆经历与之前的仿真结果基本一致，为GNC分系统事先准备的50多套故障预案一个都没用上。监测相机拍到的画面显示，着陆区域非常平坦，探测器距离最近的石坑还有12米。

航天工程具有高风险、高投入、高技术的特点，通常每次任务所用的新产品不会超过30%，而嫦娥三号的新设备、新技术却达到了80%。其着陆器、月球车的设计以及软着陆技能在我国基本上都是空白，必须全部从头开始。科研人员在按照最好结果努力的同时，也做了最坏的准备，设定了200多个故障预案，包括每出现一个故障该采取什么措施，转移到什么程度，都准备得非常精细。结果到着陆器和月球车分离后互拍成功并把照片传回地球，这些预案一个都未动用。

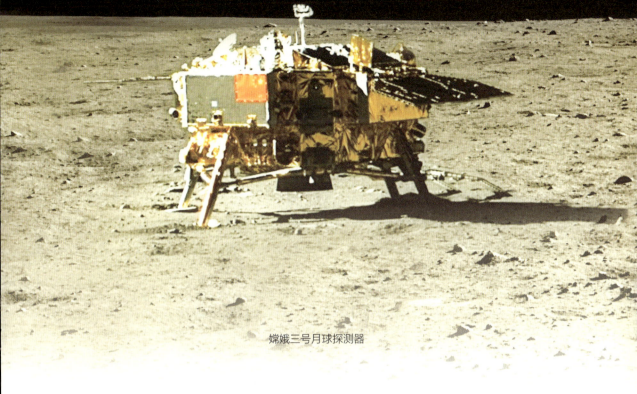

嫦娥三号月球探测器

链接   叶培建：嫦娥一号卫星系统总指挥

　　叶培建，1945年出生，汉族，江苏省泰兴人。1968年毕业于浙江大学无线电系，1980年赴瑞士纳沙太尔大学微技术研究所留学，获工学及科学博士学位。1985年起，历任航天工业部五院502所计算机研究室主任、五院科技委常委、卫星应用技术负责人。中国空间飞行器总体、信息处理专家。绕月探测工程、嫦娥一号卫星系统总指挥兼总设计师，月球探测卫星技术负责人。1993年起享受政府特殊津贴，2003年当选为中国科学院院士。现任中国航天科技集团公司五院科技委常委、型号总指挥兼总设计师。

顺利开展探月工作

嫦娥三号成功着陆月球后，随即按计划开展着陆器与巡视器分离的各项准备工作。2013 年 12 月 14 日 11 点 45 分，地面科技人员对着陆器和巡视器分离的实施条件包括着陆点的环境参数、设备状况、太阳入射角度等进行了最终的检查确认，最后向嫦娥三号发送指令两器分离开始。在北京航天飞控中心大厅的屏幕上显示，着陆器是静静地立在月面之上，太阳翼呈现展开状态非常漂亮。玉兔号月球车位于着陆器顶部，同时展开太阳翼，伸出桅杆。两者分离过程比预计的还要平稳。12 月 15 日 3 点 10 分，在飞控中心传来了巡视器移动至转移机构条

着陆器与巡视器分离

件确认的信息，这意味着巡视器开始向转移机构缓慢地移动。到 4 点 6 分，转移机构正常解锁，并在着陆器与月面之间搭起了一架斜梯。随后，玉兔号沿着斜梯缓缓而下，并在 4 点 35 分踏上了月球虹湾区域，6 轮着地，在月面上印出了一道深深的痕迹，着陆器监视相机也完整地记录下了这一过程，并及时将照片传回了地面。当天晚上，月球车和着陆器进行了互相拍照，其中包括一张玉兔号上五星红旗的近景照片，表明两者状态良好。

着陆器和月球车共携装了导航相机、全景相机、避障相机、测月雷达、粒子激发 X 射线谱仪、红外成像光谱仪、极紫外相机以及月基光望远镜 8 个有效载荷。着陆器预定工作时间为 1 年，月球车预定工作寿命为 3 个月。嫦娥三号落月后的主要任务就是精细探测月球局部地区，包括化学成分、矿

成功分离

巡视器巡视月面

物组成、地质结构、月球表面环境等。其亮点是有 3 种仪器的探测都是国际上的首次，一是利用安装在着陆器顶部的近紫外光学望远镜开展对重要天体光变的长期连续监测和低银道带的巡天观测；二是利用安装在着陆器顶部的极紫外相机对地球周围的等离子体层产生的 30.4 纳米辐射进行全方位、长期的观测，实施大视域一次性成像，从整体上探测太阳活动和地磁扰动对等离子层极紫外辐射的影响，研究等离子层在空间天气过程中的作用；三是利用安装在月球车底部的测月雷达，边走边探，能够实测 1～30 米深的月壤厚度以及 1～3000 米深度的月壳岩石结构。另外，在国际上首次实现着陆器和巡视器同时开展探测工作。

玉兔号月球车的构成

　　嫦娥三号探测器发射质量约 3.78 吨，着陆器质量约 1.2 吨，月球车质量约 140 千克，可载重 20 千克，还携带着能产生 1500～7500 牛推力的火箭发动机以及约 2.5 吨的推进剂，总重为 3780 千克。玉兔号月球车，呈长方形箱状，太阳翼收拢状态下长 1.5 米，宽 1 米，高 1.1 米，为 3 轴 6 轮结构，周身金光闪闪。箱体两侧各有一个太阳翼，展开后用于将太阳能转为电能。为了方便在月球上开展科学探测任务，玉兔号上配置着多种宝贵仪器和相关设备，比如在箱体上面伸出一个大脑袋，装有导航相机、全景相机和定向天线，箱体尾部有众多天线，箱体腹内装有测月雷达、粒子激发 X 射线谱仪、红外成像光谱仪、避障相机、机械臂等。专家这样形容它：肩插太阳翼，脚踩风火轮，身披黄金甲，腹中秘器多。与苏联的无人月球车比较起来，玉兔号显得小巧玲珑，不仅成本低，还能完成任务。

　　月球车由移动分系统、结构与机构分系统、制导导航与控制分系统、综合电子分系统、电源分系统、热控分系统、遥操作分系统、测控数传分系统、有效载荷分系统 9 个部分组成。玉兔号主要工作模式分为行走、探测和通信 3 种类型。采用摇臂悬架构型，轮式行走装置，独立驱动；采用立体视觉完成周围环境识别；根据环境信息，实现安全路径规划；利用机械臂辅助仪器实现就位探测；利用测月雷达探测土壤厚度和分层等信息。月球车是一种能够在月球表面自动移动，完成探测、采样、运载等任务高度集成的航天器，是在月球上完成零距离科学探测任务的重要平台。

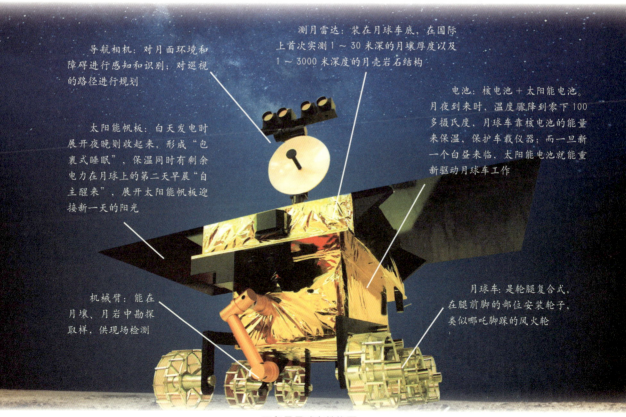

导航相机：对月面环境和障碍进行感知和识别；对巡视的路径进行规划

测月雷达：装在月球车底，在国际上首次实测 1～30 米深的月壤厚度以及 1～3000 米深度的月壳岩石结构

电池：核电池＋太阳能电池。月夜到来时，温度骤降到零下 100 多摄氏度，月球车靠核电池的能量来保温，保护车载仪器；而一旦新一个白昼来临，太阳能电池就能重新驱动月球车工作

太阳能帆板：白天发电时展开夜晚则收起来，形成"包裹式睡眠"，保温同时有剩余电力在月球上的第二天早晨"自主醒来"，展开太阳能帆板迎接新一天的阳光

机械臂：能在月壤、月岩中勘探取样，供现场检测

月球车：是轮腿复合式，在腿前脚的部位安装轮子，类似哪吒脚踩的风火轮

玉兔号月球车结构图

技术人员对玉兔号进行检测

　　在月夜到来，月面的光照和温度环境不能满足月球车的工作需求时，玉兔号会进入休眠模式，只保证和地面必需的遥测通信联系，大部分科学探测仪器关闭，电源和热控系统负责提供仪器的储存温度条件，在经过月球寒冷的环境后，不能死机。当下一个月球白天到来，光照和温度条件达到要求后，月面巡视探测器自主唤醒所有设备进入新一轮工作。玉兔号的科学探测任务主要包括：月表形貌与地质构造调查、月表物质成分和资源勘察、月壤物理特性探测等。它能够承载探测仪器在月球表面进行多点就位探测；在月球表面一定区域安全行驶，并顺利接近感兴趣的探测目标。虽然月球车以地面遥控操作为主，但也具备自主实现危险应急和局部避障的能力，也就是说，巡视器采用地面加自主控制相结合的方式开展工作，它在由北京航天飞控中心通过海陆空组成的测控系统发出的指令予以遥控和操纵进行月面活动的同时，也可自主完成局部规划、避障和安全监测以及应急保护。这是我国第一次在地球以外的天体上进行多点就位探测。玉兔号在地面模拟试验中，充分展现出本领高强、能爬坡、能越障、能耐受 300 多摄氏度温差的卓越性能。

玉兔号在模拟月面进行检测

玉兔号太阳帆板

以太阳能为动力的月球车在月面巡视的 90 天里，可在月球上以 3 千米为半径的圆周范围内连续行走 10 千米。其最大行驶速度是每小时 200 米，具有前进、后退、原地转向、行进间转向、20°爬坡、20 厘米越障的能力。它边走边看，将依靠各种先进仪器设备对月表进行三维光学成像、红外光谱分析，开展月球土壤厚度和结构的科学探测，对月表物质主要元素进行现场分析。月球车还有一条机械臂，能在月壤、月岩中勘探取样，供现场检测。玉兔号传回的数据资料，将帮助科学家们更直接、更准确地破译月球奥秘。

月球车工作的良好开端

按照工程计划，嫦娥三号着陆器和月球车在月面分离后要在A、B、C、D、E点进行5次互拍。2013年12月15日玉兔号行驶到A点的当天晚上，两者进行了第一次互相拍照，其中包括一张玉兔号上五星红旗的近景照片，表明两者状态良好。接着月球车还由A点行驶到B点，又与着陆器进行了互拍，并开始了月面巡视探测。

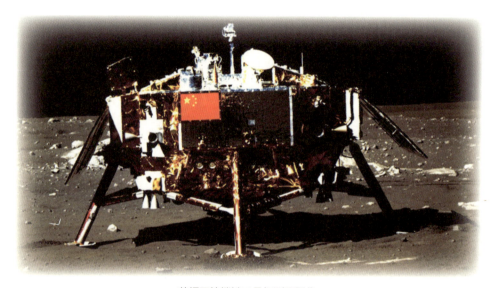

首幅互拍嫦娥三号探测器图像

玉兔号月球车正面图像

玉兔号移步月面

月球上一昼夜长约 28 个地球日，月昼和月夜各长近 14 个地球日。16 日开始，月球车迎来月昼高温考验，转入午休模式，即移动等分系统停止工作。根据测试结果，月球车上太阳光直射部分高达 100 多摄氏度，而背光的阴影部分低至零摄氏度以下。月球车原定于 23 日结束午休。经过几日的观察和对各类遥测参数的判断，月球车状态正常稳定，可以承受在当时环境下的工作条件。为争取更多科学探测时间和机会，月球车于 2013 年 12 月 20 日 20 时提前结束午休，继续开展科学探测任务。截至 12 月 21 日 20 时 05 分，玉兔号月球车在结束午休后工作 24 小时。在北京飞控中心遥操作控制下，月球车顺利由 B 点行驶至 C 点和 D 点，行程约 21 米，在 C 点和 D 点均进行了全景相机、导航相机等图像成像和下传工作，并与着陆器进行了第三、第四两次互拍。在此期间，该中心共向玉兔号发送遥控指令近 200 条，注入数据 60 多帧，所有指令均毫无差错。根据实时传回的遥测数据分析判断，玉兔号各分系统工作正常稳定。2013 年 12 月 22 日 2 时，北京航天飞行控制中心科研人员发送遥控指令，使月球车由 D 点行驶至最后一个互拍点 E 点，全景相机对着陆器进行整体成像，同时着陆器地形地貌相机也对玉兔号月球车成像，两者进行了第五次互拍。经过数据下传和地面数据处理，标有五星红旗的着陆器和玉兔号月球车照片成功传回地面。这是首次传回着陆器携带五星红旗的清晰全景照片。至此，两器互拍工作圆满结束。此前航天科研人员根据导航相机拍摄的周围地形信息对月球车进行了路径规划。月球车是以 60° 为间隔绕着陆器行驶的，分别在着陆器的正后方、侧方、正前方等五个位置进行了互拍，传回了大量图像数据，这是它完成肩负使命的良好开端。

玉兔号对着陆器整体成像

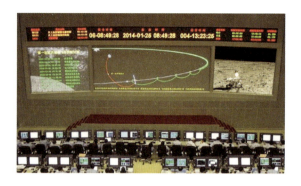

北京飞控中心指挥大厅

完成互拍后，月球车告别着陆器，前往更远的区域开始月面测试工作。着陆器和月球车分别开展就位探测和月面巡视勘察，在迎来第一次月夜到来之前争分夺秒地进行科学探测。自玉兔号巡月以来，北京飞控中心就建立了月球车遥控操作日志，详细记录了其工作计划、规划策略和每台相机拍摄的图片数量，每天为月球车做体检，确保玉兔号安全顺利开展工作。

2013 年 12 月 23 日 5 时，在北京飞控中心和探测器系统的精密协同控制下，月球车顺利完成了机械臂月面投放测试工作。整个机械臂投放测试工作分为投放和收拢两个步骤，就像人的手臂伸缩弯曲一样，难度非常高。此次进行的投放测试是为了在第一个月夜来临之前，把玉兔号调整到最佳状态，以有效完成月夜结束后大量的科学探测任务。12 月 26 日月夜来临，持续时间近 14 天。届时月球车得不到任何能量补充，将进入休眠状态，直至月面再次阳光普照。在月面上，玉兔号除了完成科学探测任务外，还必须经受住月午和月夜两个极端恶劣环境的考验。在月午阶段，月面温度高达 100 多摄氏度，为保护科学仪器，玉兔号要午休。而进入月夜后月面温度将降低到零下 180 多摄氏度，这对玉兔号来说是名副其实的寒夜，它需要休眠。要在月球上度过 14 天左右的漫漫长夜，嫦娥三号探测器使用了同位素温差电池 RTG，在 14 天的白昼极高温下保证舱内正常工作温度，探测器还进行了复杂的温控设计。月球车于 2013 年 12 月 26 日进入休眠期，并于 2014 年 1 月 11 日被唤醒重新开始巡视考察工作。

玉兔号虽被自主唤醒，却在 2014 年 1 月 25 日，由于发生机械故障而无法继续移动，表明它已生病了。龙乐豪院士对玉兔号的病状表示担忧，认为可能是有一条线路不通，这在距离地球 38 万千米的月球上，要远程接上非常难。"虽然采取了一些措施，但'玉兔'真实的'病因'还没有查明，所以还无法准确'对症下药'。"他说："高科技也意味着高风险，任何一个地方考虑不周全，都容易出问题。" 中国探月工程总设计师吴伟仁也表示："月球车出现故障，说明我们对月球环境仍然缺乏了解，比如对月尘的认识非常不足。"月尘比地球上沙漠里的沙子要细小得多，精密的月球车只要有一点月尘进入，就有可能造成短路，从而让其移动系统发生故障。玉兔号虽然无法继续移动，但其所搭载的科学仪器依旧能够正常工作并采集了大量数据，揭示了月面着陆区复杂的地质历史背景，其首次搭载的探地雷达获得的大量珍贵数据，有助于科学家们了解月面着陆区次表层的地下结构特征。龙乐豪说，嫦娥三号的目标是在月球上落下去，动起来。就这一点而言，嫦娥三号已经圆满完成了任务。2014 年 9 月 6 日，玉兔号月球车已进入第十个月昼工作期，其 4 台科学载荷 —— 全景相机、测月雷达、红外成像光谱仪、粒子激发 X 射线谱仪运行正常，玉兔号已经超期服役 7 个月，迎来了第十个月昼。而着陆器目前的身体状态却非常好。不可否认，它的功能也会随着时间的延长而逐渐衰竭。嫦娥三号最终的归宿在哪？专家说，就让它留在月球上，探测月球的矿产，直至其终止工作。

嫦娥三号是我国航天技术向深空探测领域探索和积极发展的重要一步，具有深远的影响。掌握软着陆和月球车技术，对我国航天器今后登陆太阳系其他行星、矮行星及小行星等天体均有重要意义。

自1958年到2013年11月，世界各国共进行了129次月球探测活动，其中美国59次，俄罗斯64次，日本和中国各2次，欧空局和印度各1次；成功或基本成功66次，失败63次，成功率仅有51%。嫦娥三号是人类发射的第130个探月器，其圆满落月，代表着我国发射的前3个月球探测器连续获得成功。

按计划嫦娥四号是世界首颗在月球背面软着陆和巡视探测的航天器，2018年5月21日发射嫦娥四号中继星"鹊桥"，计划于2018年年底发射嫦娥四号探测器。

嫦娥三号任务的圆满成功，首次实现了我国航天器在地外天体软着陆和巡视考察，标志着我国探月工程"绕、落、回"第二步战略目标的全面实现，树立了中国航天事业新的里程碑，为实现中华民族伟大复兴的中国梦做出了新贡献！

阿波罗11号登月舱

俄罗斯用于载人登月的LK登月舱

玉兔号发现月球新型玄武岩

2015 年 12 月 23 日，英国《自然—通讯》杂志公布的一则科学论文中，中国与美国科学家报告玉兔号发现了月球表面的一种新型玄武岩，在过去的月球探测任务和月球陨石研究中均没有被采样过。这无疑是探月工作中值得关注的一项新成果。

成功降落于月球虹湾地区的着陆器和玉兔号，陆续开展了"观天、看地、测月"的科学探测和其他预定任务，实施月表形貌与地质构造调查、月表物质成分和可利用资源调查、地球等离子体层探测和月基光学天文观测，并发回宝贵的数据资料，取得一定成果。嫦娥三号着陆器工作状态良好；巡视器在第二次月夜休眠前出现异常不能行走，虽未恢复但依旧存活，仍在原地开展探测工作。2013 年年末，玉兔号月球车在穿过虹湾的紫微撞击坑附近时进行了采样。新型玄武岩就是科学家们分析玉兔号月球车传回地球的数据资料而发现的。中国山东大学空间科学研究所凌宗成和他的研究团队，以及华盛顿大学麦克唐纳空间科学中心的研究人员，在此研究中报告了第一批来自玉兔号月球车身上仪器的新发现。

嫦娥三号着陆器和玉兔号月球车所处的月面位置与之前探测器落月和航天员登月地点均不同，从而获得了新的发现。直到 2016 年年初，嫦娥三号着陆器和巡视器仍在工作，已成为在月球"活"得最久的人造探测器。

月球表面虹湾地区图

各种学科的科学家采用不同的方法和手段对美国采集并带回地球的土壤和岩石样品进行了详细的观察、化验分析，结合在月面所做实验获得的数据资料与用多种方式对月球拍摄的影像照片，揭示了大量的月球奥秘。科学家们发现月球上主要有玄武岩、斜长岩和苏长岩3种岩石。玉兔号月球车的贡献就在于它发现了此前未曾见到的月球新型玄武岩。

山东大学及华盛顿大学的研究人员在论文中报告了第一批来自玉兔号月球车身上仪器的新发现。他们表示，大约在29.6亿年前形成的这个相对年轻的月球区域有着独特的矿物学特征，这意味着玉兔号月球车发现了一种过去月球探测任务和月球陨石研究中都没有采样过的新的玄武岩，不能不令科学家们感到惊奇。

　　嫦娥三号的着陆器和玉兔号月球车的落月位置特别选择了相对年轻的熔岩流形成的地区，但又靠近一个撞击坑。因为撞击可以带出新鲜的地质材料到月球表面，对于一个过去没有被探索过的月球区域表面来说，这是一次开拓性的探测，可以帮助人们加深对月球上一些火山活动的了解。月球玄武岩是构成月球的主要岩石之一，由月球外层约 200 千米深处形成的岩泉，经过至少 5 次喷发在月表约 1050℃ 的环境下结晶而成。这种玄武岩是月球上最年轻的岩石，形成于距今 29 亿年以前，几乎相当于已知道的地球最古老的岩石。

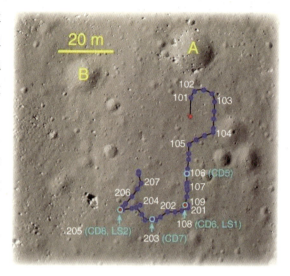

玉兔号运行轨迹

阿波罗 15 号载人登月任务中，首次使用了登月车并带回岩石约 77 千克

从分析以前带回地球的月岩样品中，科学家们早已知道，月球玄武岩富含一种被称为钛铁矿的矿物质，这种矿物质中含有钛元素和铁元素。美国从月球采集的玄武岩样品中的钛元素含量要么特别高，要么特别低。但玉兔号检测了在一座环形山附近的"年轻"岩石样品后发现，这里玄武岩的钛含量处于中游水平，铁含量则相当高。这是非常重要的发现，因为玄武岩所含矿物质的结构与成分能够透露出形成玄武岩岩浆的信息。与中国科学家合作分析玉兔号数据的美国华盛顿大学专家布拉德利·乔利夫说："月面各处的钛含量存在差异，说明月球内部物质的成分并不单一。我们还在尝试分析这种现象的成因。"此次研究成果还能帮助科学家们更好地分析轨道探测器的月面观测结果。乔利夫说："我们的遥感观测现在得到了真实的地面调查结果。我们从轨道上发现其他地区也存在相同的观测信号，现在知道其他地区很可能存在类似的玄武岩。"这说明玉兔号月球车发现的新型玄武岩可能不是它着陆的月面地区所独有的，因而对科学家们试图更多地了解月球究竟是如何形成的会有所帮助。

显而易见，玉兔号的新发现对分析月球表面成分构成，乃至对将来建立住人的月球据点或基地、开发和利用月球资源都具有重要价值。有的学者认为，发现新型岩石，甚至对研究宇宙起源都有重要意义。

阿波罗 15 号收集的月球岩样本（约 33 亿岁，重 453.6 克）

月球玄武岩　　　　　月球角砾岩

月球确有"广寒宫"

　　嫦娥三号肩负着完成探月工程"绕、落、回"三步走的第二阶段的落月探测使命。2013年12月16日，中国官方宣布嫦娥三号落月任务获得成功，随即着陆器和玉兔号陆续开展了科学探测活动并获得了大量数据。基于嫦娥三号着陆区域地理形貌特点，有关部门组织科学家们将嫦娥三号着陆点周边区域划分为4个方位区，提出了月球地理实体的命名建议。国际天文学联合会研究受理后，经过为期3个月的公示。2016年1月4日，正式批准了我国嫦娥三号着陆区4项月球地理实体命名，分别是"广寒宫""紫微""天市""太微"。这使"嫦娥"和"玉兔"确实住在了"广寒宫"，神话变为现实。

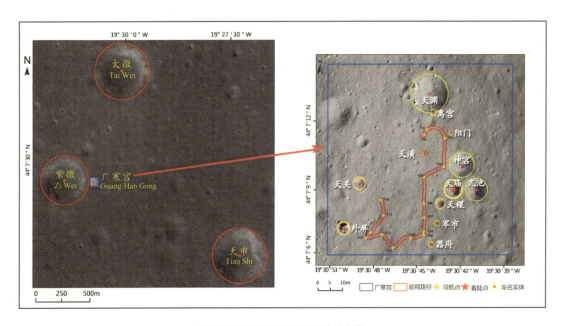

嫦娥三号着陆区月球地理实体分布图

"广寒宫"在月球正面，中心坐标为北纬 44°12′、西经 19°51′。命名理由是用以标记中国嫦娥三号月球探测器首次在月球上实现软着陆的位置。"广寒宫"方圆 77 米区域，包括玉兔号月球车巡视路线及其东侧重要地貌，取名自中国古代神话中"嫦娥和玉兔居住的宫殿"。紧邻嫦娥三号着陆点周边区域的 3 个较大的撞击坑，即直径为 420 米，中心坐标为北纬 44°12′、西经 19°52′的"紫微"坑；直径为 480 米，中心坐标为北纬 44°1′、西经 19°45′的"天市"坑；直径为 470 米，中心坐标为北纬 44°15′、西经 19°49′的"太微"坑，取名自中国古天文星图"三垣四象二十八宿"星官名中的"三垣"，即"紫微垣""天市垣"和"太微垣"，以此表达对中国古代天文工作者和天文科技成就的敬意。这也是中国首次获得与月球探测器着陆相关的月球地名，反映了我国在月球探测领域取得的突出成就。

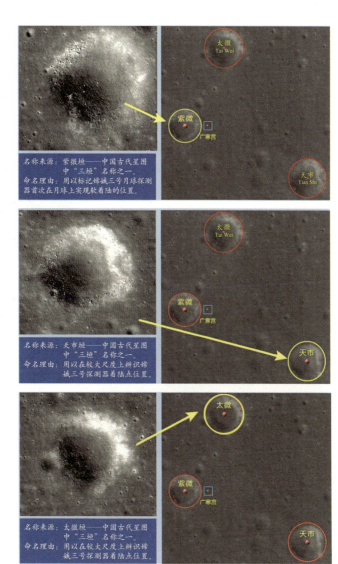

名称来源：紫微垣——中国古代星图中"三垣"名称之一。
命名理由：用以标记嫦娥三号月球探测器首次在月球上实现软着陆的位置。

名称来源：天市垣——中国古代星图中"三垣"名称之一。
命名理由：用以在较大尺度上辨识嫦娥三号探测器着陆点位置。

名称来源：太微垣——中国古代星图中"三垣"名称之一。
命名理由：用以在较大尺度上辨识嫦娥三号探测器着陆点位置。

月球撞击坑分布图

自 1961 年祖冲之的名字出现在月球上至今，中国和其他国家申请并被批准的以中国元素命名的月球地理实体已经达到 22 个。2007 年嫦娥一号绕月探测工程成功后，中国利用获得的全月面影像数据，向国际天文学联合会提出了首次月球地理实体命名申请，蔡伦、毕昇和张钰哲 3 个撞击坑命名于 2010 年 11 月获得正式批准。这是依据国际天文学联合会对月球的地理实体命名的一个非常重要的规则而获得的。其规定为获此殊荣的个人必须是已经去世 3 年以上的科学家。当时被命名的中国三位科学家，有两位是古代科学家，其中一位是中国古代四大发明之一造纸术的发明人蔡伦，另一位是四大发明之一活字印刷术的发明人毕昇；还有一位是我国天文事业做出突出贡献的现代科学家张钰哲，他是我国近代天文学的奠基人、新中国首任天文台台长。1928 年张钰哲先生将他发现的一颗小行星命名为中华星，可以说开创了中国人命名小行星的先河，致使后来以中国元素命名的小行星越来越多。

张钰哲在 60 厘米反射望远镜旁工作

以中国现代天文学家张钰哲命名的小行星 1125 号

毕昇撞击坑，中心点位置为月球东经 148°6′、北纬 78°4′，直径 55 千米

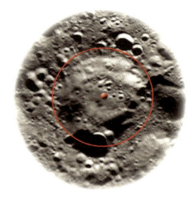

蔡伦撞击坑，中心点位置为月球东经 113°5′、北纬 80°3′，直径 43 千米

　　国际天文学联合会行星系地名命名委员会对月球地理实体直径或长度也有相关要求。中国另有其他 12 项具有较大科学研究价值的月地形貌命名申请，即嫦娥三号着陆点周边区域的 9 个小撞击坑和 3 个石块，按所处"四象"中的"二十八宿"星官名命名，分别名为 1 天溠、2 天渊、5 神宫、6 天庙、7 坑池、8 天稷、9 军市、10 器府、12 天关和 3 离宫、4 阳门、11 外屏，由于地理实体尺寸偏小，达不到直径或长度须大于 100 米的标准，故而没有获得国际天文学联合会的批准，但联合会认可这些命名能在科学研究和学术交流中使用，表明其仍有一定的学术价值。

　　月球地名是人们对月球上的环形坑等地理位置的命名。月球地理实体命名活动起始于 17 世纪初期的欧洲，到 20 世纪月球地理实体命名的管理和审批转移到由世界各国公认的权威组织国际天文学联合会负责。为满足月球探测、科学研究和社会应用的需要，解决月球地名使用中的混乱现象，实现月球地名标准化，中国民政部于 2010 年 9 月 2 日正式向社会公布了第一批月球地名标准汉字译名 468 条。据了解，目前国际天文学联合会已公布 9000 多条月球地名，其中有重要地名 2017 个，其他多由其派生而来。相比来说，冠有中国元素的地名还是太少。随着我国探月工程的进展，月球上的中国地名肯定会迅速增多。

　　月球地理实体命名作为月球科学与应用的重要成果，体现了我国月球探测的综合能力和国际影响力。

未来月球基地

再入返回飞行试验器试验获得圆满成功

嫦娥五号再入返回飞行试验器，绰号"舞娣"，是中国探月工程第三阶段的月球探测器嫦娥五号发射前用于技术工程试验的一颗探路星，主要承担探月工程三期的绕月高速返回地球技术的实践验证等任务。它于北京时间 2014 年 10 月 24 日 02 时 00 分从西昌卫星发射中心由长征三号丙改进二型运载火箭（遥12）发射升空，3 日后绕月并返回地球，于北京时间 11 月 1 日 06 时 42 分在中国内蒙古乌兰察布市四子王旗红格尔苏木活福滩乡境内着陆。"舞娣"由服务舱和返回器两部分组成，服务舱以嫦娥二号平台为基础改造而成，返回器为神舟飞船的缩小版。"舞娣"是中国成为继俄罗斯的探测器 5 号、美国的阿波罗 8 号之后，第三个成功实施从月球轨道重返地面的航天器的国家。

中国探月工程成绩惊人

《参考消息》2015 年 1 月 8 日报道，俄罗斯媒体针对中国 2014 年 10 月底发射的嫦娥五号探路飞行器"舞娣"成功抵达月球，并在绕月后返回地球一事发表评论称，中国在太空领域取得的成绩令世界震惊。2014 年"中国航天十大新闻"和"世界航天十大新闻"中把中国探月工程三期再入返回飞行试验器试验获得圆满成功，分别当选首条中国航天十大新闻和第四条世界航天十大新闻。由于此项成就使中国成为世界上第三个成功回收绕月航天器的国家，并且服务舱仍在继续顺利实施拓展试验，因而引起了国内外的广泛关注。

长征三号丙改进二型运载火箭

　　长征三号丙改进二型运载火箭亦称长征三号丙增强型火箭，它首次亮相出征，就成功地发射了嫦娥五号再入返回飞行试验器，说明其性能稳定可靠。探月三期工程要实现月面自动采样返回，验证地球大气高速再入等核心的关键技术，工程意义重大。为了确保护送飞行试验器准确进入预定轨道，火箭系统对执行此次发射任务的长征三号丙改进二型运载火箭进行了多项改进和技术攻关。与长征三号丙基本型相比，增强型有多项技术创新。首次在长征三号丙运载火箭上使用双惯组加复合制导。从外形上看，它的个子比长征三号丙基本型长高了1米多。运载能力由原来的3.8吨提高到3.9吨。

　　长征三号丙增强型火箭在继承"金牌火箭"——长征三号甲系列火箭成熟技术的基础上，加长了火箭一级和助推器的长度。同时，二级发动机采用了我国可靠性最高的长征二号F运载火箭二级发动机，为此次飞行器试验任务提供更为强劲的运载能力和更高的飞行可靠性。长征三号丙增强型采用天基测量技术，即通过天基中继星向地面技术人员传输火箭飞行过程的实时遥测数据，对飞行中的火箭进行全程实时测控。同时，最新的高码率传输技术可增加测量点，提高数据传输速度，增大数据传输量，进一步降低测控盲区。

长征三号丙改进二型运载火箭发射嫦娥五号再入返回飞行试验器

北京航天飞行控制中心飞控大厅观察火箭发射

链接 余梦伦：中国弹道式运载火箭弹道设计的开创者

余梦伦，1936 年 11 月出生，籍贯浙江余姚，生于上海。1955 年考入北京大学数学力学系力学专业，1958 年转学计算数学专业，1960 年毕业。从事火箭弹道科研设计工作，系统提出有工程价值的弹道设计理论和方法，他在多种火箭的弹道设计中取得了重要科技成果，是我国弹道式战略火箭和运载火箭弹道设计的开创者和学术带头人。1979 年获全国劳动模范称号，1999 年当选中国科学院院士。现任中国运载火箭研究院总体设计部研究员、博士生导师。在我国远程战略火箭研制中，他提出国内模拟再入环境低弹道方案，解决了远程战略火箭国内试验弹道设计的难题；为我国发射返回式卫星研究最佳弹道，提出小推力弹道方案，大幅度提高了运载能力；在我国首次地球同步通信卫星发射轨道设计中，提出优化的停泊轨道方案，成功解决地球同步卫星发射轨道的设计问题；在 20 世纪 80 年代首次提出高空风弹道修正方案，为我国近期解决高空风对火箭飞行的影响打下基础；为优化我国大型捆绑式运载火箭的设计，提出火箭总体参数和弹道的一体化优化设计的弹道设计方案；在参加国家 863 航天领域专家组工作中，开展了我国新一代大型运载火箭方案论证的研究。

火箭运往发射场

作为我国弹道式运载火箭弹道设计的开创者和学术带头人之一，余梦伦曾经承担国内多种运载火箭的弹道设计和发射工作，系统提出运载火箭的弹道设计理论和方法，参加包括长征二号、长征三号、长征二号捆绑式和神舟载人飞船等的发射工作，为我国弹道式导弹和大型运载火箭的发展做出了重要贡献。为了中国航天事业的发展，余梦伦在从近程到远程火箭，从低轨道到地球同步转道运载火箭等多种火箭的弹道设计中取得了一系列重要的技术成果。目前他正从事载人飞船上升段弹道设计和重复使用运载火箭的研究工作。

中国探月工程三期再入返回飞行试验圆满成功

　　2014 年 10 月 24 日我国自行研制的探月工程三期再入返回飞行试验器，在西昌卫星发射中心用长征三号丙运载火箭发射升空，准确进入近地点高度为 209 千米、远地点高度 41.3 万千米的地月转移轨道，表明我国探月工程"绕、落、回"第三期大幕正式拉开。此次任务是我国探月工程三期一次重要的验证飞行试验，主要目的是突破和掌握探月航天器再入返回的关键技术，为嫦娥五号任务提供技术支持。嫦娥五号未来在执行无人月球取样返回时，将以接近第二宇宙速度 11.2 千米／秒的状态再入大气层返回地球，这对相关轨道设计、气动、热防护、制导导航与控制等关键技术都提出了挑战，此次试验任务就是为其突破这些难关积累经验的。由于从月球返回地球时的飞行速度非常高，因此该技术比从地球轨道上返回大气层要困难得多。虽然我国曾多次成功回收返回式卫星，但其难度远不能与此次试验任务相比。

探月工程三期再入返回飞行试验器返回地面

飞行试验器在技术厂房

试验任务由飞行试验器、运载火箭、发射场、测控与回收5大系统组成。飞行试验器由服务舱和返回器两部分组成，服务舱是以嫦娥二号卫星平台为基础研制的，具备留轨飞行开展科研试验的功能；返回器为新研制的产品，其外形与神舟飞船返回舱类似，但其大小仅为后者的1/8，具备返回着陆功能。返回器与承担无人采样返回任务的嫦娥五号所使用的返回器相似。

工作人员对返回器进行现场检测

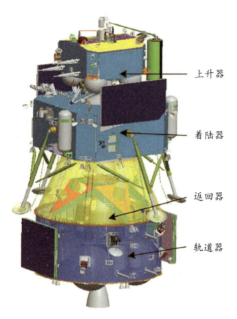

嫦娥五号探测器结构构型

上升器

着陆器

返回器

轨道器

2014年11月1日6时13分，再入返回飞行试验器返回器以接近第二宇宙速度进入大气层，实施初次气动减速。下降至预定高度后，返回器向上跃起，跳出大气层，到达跳出最高点后开始逐渐下降。之后，返回器再次进入大气层，实施二次气动减速。在降至距地面约10千米高度时，返回器降落伞顺利打开，6时42分，在预定区域内蒙古乌兰察布四子王旗安全着陆。担负回收任务的搜索分队及时发现目标，迅速到达返回器着陆现场实施回收。1日15时，再入返回飞行试验器返回器在成功返回地球8个多小时后，搭乘专机安全运抵北京，随后即被送回到中国空间技术研究院。返回器安全降落顺利运京后，接着继续展开两项任务，一是全面分析评估返回器带回的试验数据，二是继续实施服务舱的拓展试验。

按照本次试验任务的预案，在8天中飞行器经历了6大飞行试验段，即火箭发射入轨段、经过地月飞行段、月球近地转移即绕着月球飞行段、月地转移轨道即奔回地球飞行段、再入地球大气层飞行段，以及在内蒙古上空回收着陆飞行段。

在北京航天飞行控制中心的精确控制下，试验器发射升空后成功实施二次轨道修正，于2014年10月27日飞抵月球引力影响范围，开始月球近旁转向飞行。28日晚，试验器完成月球近旁转向飞行，进入月地转移轨道。30日再次成功实施一次轨道修正后重返地球。11月1日5时，北京航天飞行控制中心通过地面测控站向试验器注入导航参数。5时53分，直到距地球约5000千米处，服务舱的4个螺栓同时开启爆炸，与返回器分离，将后者准确地推进返回走廊，使其完成备受关注的最后阶段的旅程。

直升机将返回器吊运

再入返回飞行试验器被固定在车上

此次返回器任务的圆满成功，标志着中国已全面突破和掌握航天器以接近第二宇宙速度的高速再入返回地球的关键技术，为确保嫦娥五号任务顺利实施和探月工程持续推进奠定了坚实基础。这是我国航天器第一次在绕月飞行后再入返回地球，标志着中国是继俄罗斯和美国之后，成为成功回收绕月飞行器的第三个国家，已经跻身该技术领域先进行列。

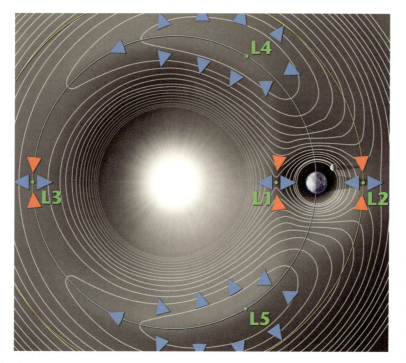

地月系统 5 个拉格朗日点位置分布图

当时，服务舱与返回器分离后，国外许多专家认为，该服务舱已变成太空垃圾。但出乎他们意料的是，返回器在 2014 年 11 月 1 日安全准确返回地球，服务舱经过两次轨道控制，很快开始变轨，返回到远地点 54 万千米、近地点 600 千米的大椭圆轨道上，开展拓展试验任务。舱器分离 10 个小时后，运行在绕地大椭圆轨道上的服务舱转入了长期管理阶段，计划实施长达半年的拓展试验管理任务，如飞赴地月系统拉格朗日 L2 点、飞往月球进行环月飞行等，以验证未来嫦娥五号任务相关飞行控制技术。当时的设想是，服务舱首先进行轨道修正，然后到达卫星轨道最接近月球的近月点，并于 2014 年 11 月飞抵地月 L2 点。然后服务舱于 2015 年 1 月 4 日实施逃逸机动，飞离地月 L2 点，并在 1 月中旬飞回月球轨道，继续为嫦娥五号任务开展在轨验证试验。

地球和月球引力相等的地月 L2 平动点，处于地球和月球连线的延长线上，距离月球 6.5 万千米。如果航天器位于这个平动点上就始终在月球的背后与月球同步围绕地球运行，即和月球一起以相等的角速度围绕地球运动，因而在地球上总是看不到它，无法与其联系。为了解决这个问题，航天器可采用李萨如轨道的形式进行运行，李萨如轨道也就是前面已经讲过的航天器环绕地月 L2 点运行的晕轨道。选择的李萨如轨道在 L2 点附近，航天器以其为原点进行周期性运转，航天器距平动点的距离要超过 3500 千米围绕平动点的运动周期约为半个月，这样就能使月球背面的航天器与地面实时通信的困难得到解决，选择这种轨道航天器要具有控制轨道的能力。如果是释放月球着陆器的航天器在这种轨道上运行，专家认为，地月 L2 点是转发器与月球着陆器交换数据的理想位置。

服务舱拓展试验任务的主要目标是为后续嫦娥五号任务验证近月制动和交会对接远程导引等相关飞控过程，开展采样区地形地貌遥感探测和搭载设备在轨试验，同时开展地月 L2 点探测活动，为地月平动点研究和利用提供实际飞行数据，并为未来月球和深空任务积累测控经验。试验期间，北京航天飞行控制中心与航天科技集团中国空间技术研究院试验队密切配合，严密监视服务舱运行状态，进行了持续多天的全弧段跟踪和持续测定轨，并精心编写了飞行控制实施方案，计算出最优的控制策略，为试验完美实施奠定了基础。

2014 年 11 月 9 日和 17 日，服务舱先后完成绕地大椭圆轨道远地点和近地点变轨控制，继续按照预定地月转移轨道飞行。11 月 21 日，实施了地月转移轨道中途修正控制。23 日到达近月点，并实施月球借力轨道机动控制，飞向地月 L2 点。服务舱已于 2014 年 11 月 27 日进入绕地月 L2 点的李萨如轨道运行，轨道振幅 X 轴 2 万千米，Y 轴 4 万千米，Z 轴 3.5 万千米，周期 14 天。这表明服务舱进入的晕轨道距离 L2 点是比较远的，其运行速度是比较快的。11 月 28 日，实施了地月 L2 点绕飞期间第一次轨道维持控制。从 11 月 1 日服务舱与返回器分离后，截至 11 月 28 日，服务舱已独立飞行 28 天，距地球 42.1 万千米，距月球 6.3 万千米，状态正常。服务舱于 2015 年 1 月 4 日飞离地月 L2 点，1 月 11 日凌晨 3 时，在北京航天飞行控制中心科技人员精确控制下，成功实施关键的首次近月制动，进入远月点高度约 5300 千米、近月点高度约 200 千米、飞行周期约 8 小时的环月轨道。1 月 12 日、13 日又分别进行了第二次、第三次近月制动，服务舱进入倾角 43°7′、高度 200 千米、周期 127 分钟的环月圆轨道运行，继续为嫦娥五号任务开展在轨验证试验。当时，服务舱能源平衡，地面测控捕获及时，跟踪稳定，飞行控制和数据接收正常，各项拓展试验正按计划顺利进行。

实施这次近月制动的目的是在服务舱从地月系统拉格朗日 L2 点转移到近月点时，通过制动降低相对月球的速度，从而实现环月飞行。控制服务舱最终进入目标环月轨道所需制动量非常大，需要分 3 次完成。首次制动是最关键的，必须在其飞越近月点时精准刹车，一旦错过时机，服务舱就会飞离月球。

按照原定计划，服务舱于 2015 年 2 月和 3 月各开展了一次交会对接远程导引试验，4 月利用双分辨率相机对嫦娥五号采样区开展了观测和成像，尽可能拍摄获取采样区动力下降航迹区、预设采样着陆区的地形地貌。成像飞行任务于 8 月 30 日到 9 月 2 日进行，服务舱同时采用双分辨率相机的宽视场相机与窄视场相机，对嫦娥五号预定采样区进行了遥感成像。成像时，服务舱飞行高度距月面 30 千米。为开展成像任务，8 月 28 日，服务舱按计划实施降轨控制，进入了近月点 30 千米、远月点 80 千米的预定轨道。9 月 2 日完成对嫦娥五号预定采样区遥感成像飞行任务，获取了该区域地形地貌信息，图像分辨率 1 米左右，已处理的图像效果良好，为嫦娥五号任务月面软着陆和采样区域的选择提供了依据。至此，服务舱完成了 3 个阶段的拓展试验。截至目前，服务舱状态良好，这又是我国探月工程的一大亮点。

嫦娥五号是中国探月工程三期月球探测器，实施无人采样返回任务需要突破月面采样、月面上升、月球轨道交会对接和以接近第二宇宙速度 11.2 千米/秒再入返回 4 项关键技术。显然，飞行试验器返回器成功回收和服务舱顺利进行拓展试验，其获得的成果将极大地促进和保障嫦娥五号任务的完成。

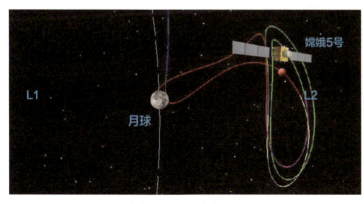

服务舱在地月 L2 点绕飞轨道

链接　苏联探测器绕月飞行后成功返回地球

　　世界上第一个无人航天器绕月飞行后成功返回地球的是苏联用探测器5号实现的。苏联于1968年9月14日发射探测器5号，进行绕过月球后返回地球的飞行试验。重5800千克的探测器5号，9月18日绕月飞行，21日返回地球。它在太空飞行中拍摄了地球黑白图片。不过探测器5号在返回地球时没有采用预定的跳跃式返回方式，而是采用弹道式再入大气层，并降落在印度洋上。这种直接进入大气层的弹道式再入方式产生了10～16个重力加速度g的高过载。

月球2号探测器

　　1968年11月10日发射的重为5800千克的探测器6号，绕过月球后返回地球，拍摄了地球和月球黑白图片，采用跳跃方式以低过载再入大气层，同月17日返回地球软着陆，在苏联本土回收。1969年8月8日发射的重为5800千克的探测器7号首次送回彩色照片。绕月飞行后，8月14日返回地球。1970年10月20日发射的重为5800千克的探测器8号，绕过月球后于同月27日返回地球，弹道式再入，进入北极，第二次水面回收。

月球3号探测器

探测器8号水面回收

苏联在一系列探测器飞行试验的活动中，进行了大量从月球返回地球并再入大气层的技术试验和地球软着陆技术试验，为航天器软着陆月面采集样品后返回地球提供了经验。

要对月球进行精细的研究，将月岩样品运回地球是更为有效的办法。苏联从 1970 年 9 月 12 日到 1976 年 8 月 9 日发射的月球 16 号、月球 20 号、月球 23 号和月球 24 就是用来赴月球取样的返回式探月器。除了月球 23 号机械损坏未能完成钻孔取样任务外，其他 3 个均达到了预期目标。这种探月器主要由能够实现软着陆于月面的着陆舱、能够钻孔采集月岩样品并盛装在容器箱内的挖掘装置和能够把密封着月岩样品的容器箱送回地球的月地火箭 3 大部分组成。1970 年 9 月 12 日发射的月球 16 号于 30 日在月面丰富海软着陆后，先自动检查仪器设备，后开动驱动电机进行挖掘。当钻头深入月面以下 35 厘米时电机自动断开，钻头带着 100 克月岩样品缩回钻机壳，并将月岩送入容器箱内，后者随即自动密封。最后启动月地火箭运载着容器箱返回地球。月球 20 号和月球 24 号分别取回月岩样品 50 克和 170 克。这样 3 个返回式探月器共取回月岩样品 320 克，数量虽少，却被科学家视为珍宝。多年来，人们都知道美国航天员曾于 20 世纪 60 年代末至 70 年代初从月球取回样品，对苏联在同一时期亦有此类宝贵收获知之甚少。

月球 3 号探测器拍摄的第一张月球背面照片

月球 9 号探测器

月球 17 号探测器释放的月球车

链接　美国阿波罗飞船进行的绕月飞行试验

从 1961 年 8 月到 1976 年 8 月，美国虽然向月球发射了多个无人探测器，但都未安排绕月后返回地球，而是把重点放在了载人登月项目的研制、试验和飞行工作上。世界上首次用载人飞船绕月飞行后成功返回地球的创举是美国实现的，目的是为航天员登陆月球完成任务后重返地球做准备。在正式载人登月之前，美国先后发射了 10 艘阿波罗号飞船进行飞行试验，以考察和完善土星 5 号运载火箭与飞船的各项性能。其中 1～6 号飞船是不载人不绕月的飞行，进行飞船和运载火箭性能的检测和积累积验；7～10 号飞船是载人飞行，对登月过程的步骤进行模拟和提供借鉴。阿波罗 7 号飞船被送入近地轨道运行，绕地环行了 163 圈，历时近 11 天后，安全返回地面。1968 年 12 月 21 日发射的阿波罗 8 号飞船，运载 3 名航天员首次进行了环绕月球的飞行，约用 20 小时绕月飞行了 10 圈，航天员还通过电视摄影把近月景色发回地面，考察和检验了飞船进入和退出月球轨道的功能，于 12 月 27 日返回地球。阿波罗 9 号飞船的任务是在近地空间检验登月舱的性能。在近地轨道上运行的 11 天中，曾模拟了载人的登月舱与母船分离、对接的实验过程，以及登月舱掉头转向、发动机启动关闭等具体操作，完成了较为复杂的飞行任务。1969 年 5 月 18 日发射的阿波罗 10 号飞船，运载 3 名航天员对除了登上月球之外的飞行项目任务都进行了模拟实验。乘坐它的 3 名航天员进入绕月轨道后，两名航天员进入登月舱并与母船分离，驾驶其向月面降落，一直降到距离月面 15 千米的高度。登月舱在近月上空进行了多种复杂的机动飞行和轨道测试，待完成预定任务后开始上升，与月球轨道上的指挥舱成功对接，随即一同于 5 月 26 日返回地球。不难看出，阿波罗 8 号、阿波罗 10 号两艘飞船这种先易后难的绕月飞行试验的成功，为其后来载人登月奠定了比较坚实的技术基础。

美国发射了勘测者 1 号，成功实现月球软着陆

1967 年 8 月，美国宇航局发射无人月球探测器为登月寻找登陆点

阿波罗 17 号的登月舱和月球车

1969 年 7 月 16 日到 1972 年 12 月 7 日，美国先后成功实施的 6 次阿波罗飞船载人登月活动，使踏上月球的美国航天员达到 12 人，开展了多种科学实验，获得了大量数据资料，并带回 403.54 千克的土壤和岩石样品，对研究月球做出了前所未有的贡献。

阿波罗 11 号开启了人类登月时代，美国航天员扶着登月舱的阶梯踏上了月球

阿波罗 15 号宇航员戴维·斯科特采集岩石样本

由于月球土壤和岩石样品具有极其重要的科研意义和收藏价值，1993 年苏富比拍卖的俄罗斯无人探测器采集的 0.2 克月球土壤，以高达 44 万美元成交。美国送给洪都拉斯的一块 1.1 克的月球岩石，1998 年收藏者花了 500 万美元方才购得。

综上所述，不难看出，我国这次再入返回飞行试验器返回器绕月返回飞行试验获得圆满成功，服务舱顺利开展拓展试验任务，不仅为月球探测三期工程嫦娥五号采集月样返回地球打下了坚实的技术基础，而且对探月和深空探测乃至整个航天事业的发展都有重要意义。在飞行任务达到了试验目的的同时，还体现了少花钱办大事的精神。

嫦娥四号成功发射开启人类首次月球背面软着陆探测

嫦娥四号实现世界首次月背软着陆

　　2016 年 1 月 14 日媒体报道，我国嫦娥四号任务已经通过探月工程重大专项领导小组审议通过，并在 2018 年发射，实现人类航天器在月球背面的首次软着陆。这一消息在当时引起了国内外人士的关注。印度媒体称，人类迄今还没有探索过月球背面，中国此举在太空探索历史上将创造一个新的里程碑。

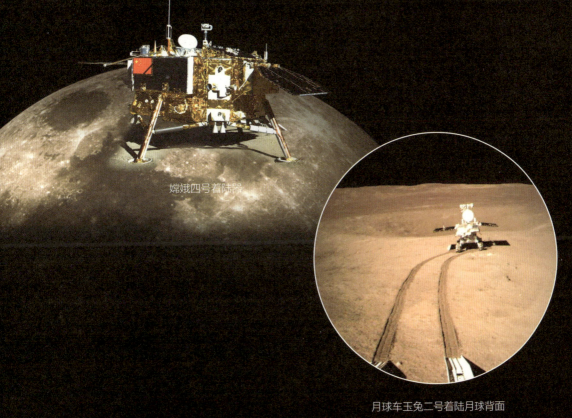

嫦娥四号着陆器

月球车玉兔二号着陆月球背面

嫦娥四号在月球背面软着陆

2019 年 1 月 3 日，嫦娥四号探测器在月球背面南极－艾特肯盆地内的冯．卡门撞击坑内软着陆，拍下并传回月球背面近照。嫦娥四号原是嫦娥三号探测器的备份器，因而其在设计、制造、结构和性能上与嫦娥三号基本相同。假若嫦娥三号在月球朝向地球的一面软着陆不成功，完不成"绕、落、回"三步走的第二阶段的任务，就将嫦娥四号有针对性地改进后继续实施相同的落月探测任务。令人可喜的是，嫦娥三号探测器的任务已经顺利完成，因此探月专家就想用嫦娥四号去完成一些新的任务。于是，让它在月球背面着陆的使命就应运而生。

嫦娥四号探测器发回的月球背面照片

嫦娥三号两舱对接

本着开拓创新和便于科学研究以及承担有一定难度任务的主体思路，经过各方面专家一年多的科学论证，才选择嫦娥四号在月球背面着陆，同时在2018年发射这个世界上首次在月背着陆并进行一些就地探测活动的航天器。鉴于嫦娥三号的任务完成顺利，负责落月采样返回地球任务的嫦娥五号的研制工作也顺畅进行，并按照目前情况看要在2019年实施发射，执行任务，其奔月时间比嫦娥四号还要晚一年左右。这是因为嫦娥五号要完成第三阶段"回"的任务目标是早就确定的，嫦娥四号任务却是根据稍晚的情况和创意而定下来的方案，两者确定的不同任务时间和顺序流程是有先后之别的。

与嫦娥三号相比，由于任务的改变，嫦娥四号携带的有效载荷做了一些调整和变动。首先来看被保留的与嫦娥三号一样的载荷；着陆器上的降落相机、地形地貌相机，巡视器上的全景相机、测月雷达、红外成像光谱仪；其次来看去掉的载荷，包括着陆器上的月基光学望远镜、极紫外相机，巡视器上的粒子激发X射线谱仪；最后来看新增加的载荷，包括着陆器上的低频射电频谱仪与俄罗斯合作的月尘测量仪，巡视器上可能会加上与瑞典合作的中性粒子探测仪。这是根据嫦娥四号软着陆月背的环境条件和肩负的使命而决定的。为了激发公众的探索热情，2015年3月31日前，嫦娥四号面向公众为月球探测任务征集创新性突出、科普效果好，可工作在着陆器、巡视器和中继卫星上，用于探测活动、科学实验或技术试验的载荷创意。探月工程有关负责人强调，为了减少参加活动的限制，征集重点设定为创意，而非完整详细的设计。如果工程各项条件允许，优选创意方案将交由有资质的单位研制，并搭载在嫦娥四号探测器上。这就表明，待嫦娥四号升空奔月时还会携带其他新研制的有效载荷。

实际上，嫦娥四号虽与与嫦娥三号有一样的"身形"和"骨架"，但携带的装备却大不一样。嫦娥三号的有效载荷大致可以分为三类：第一类用来观察月球，包括全景相机、地形地貌相机、测月雷达等；第二类用来观测宇宙，主要由月基光学望远镜承担；第三类用来观察地球周围的等离子层。三种载荷各有所长，也能相互配合。由于月球背面可以屏蔽地球无线电干扰，这样一来，对

嫦娥四号着陆器热试验

许多科学研究项目来说具有天然优势。根据着陆区域和科学目标的变化，科研团队为嫦娥四号配备了8台有效载荷。其中，着陆器携带了地形地貌相机、降落相机、低频射电频谱仪等，巡视器装有全景相机、红外成像光谱仪、测月雷达等。值得一提的是，此次任务还搭载了"国际范儿"装备，分别与荷兰、德国、瑞典、沙特开展科学载荷方面的国际合作，这对促进国际合作、共同开发月球都有重要意义。

除了上述区别，科研团队还在轨道设计、动力下降策略、休眠唤醒策略等方面进行了系统设计，突破一系列关键技术，并制定了符合任务特征的故障预案，以全力保障嫦娥四号顺利完成这次非凡之旅所承担的极具开创性的任务。

链接 吴伟仁：航天测控通信与航天系统总体设计专家

吴伟仁，男，汉族，1953年10月出生，四川巴中平昌县人。博士，研究员。航天测控通信与航天系统总体设计专家，国际宇航科学院院士。2008年起，任中国探月工程总设计师。他在航天测控通信及航天系统总体设计领域从事科研工作30余年，在开辟"深空探测新领域"和突破"深空测控通信关键技术"等方面做出了重大贡献。1993年起被国务院批准为享受"政府特殊津贴"中青年科技专家，先后任中国科学院研究生院、北京理工大学、华中科技大学、北京航空航天大学等多所高校兼职教授、博士生导师，培养博士10余名。现任中国宇航学会深空探测技术专业委员会主任委员；深空探测器着陆返回控制国防重点学科实验室学术委员会主任委员；空间智能控制国防科技重点实验室学术委员会副主任委员；《深空探测学报》主编。获国家科技进步奖特等奖2项、一、二、三等奖各1项，省部级一等奖3项。发表论文60余篇，著作10余部。

月球 3 号探测器拍摄到的月球背面照片

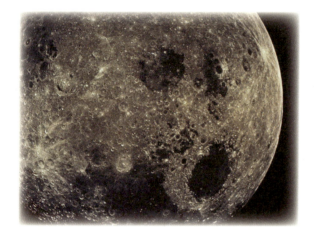

阿波罗 8 号拍摄到的月球背面照片

1959 年，苏联的月球 3 号探测器第一个拍到月球背面的照片，阿波罗 8 号上的航天员是首次亲眼看到月球背面的人。此后，各种航天器捕捉到了各种各样的月球背面的照片，如果一切按计划进行的话，嫦娥四号发射后将先环绕着月球轨道飞行，之后择机降落在人类航天器从未抵达过的月球背面。

美国航宇局一直在考虑让飞行器登陆月球的远端，但是到目前还没有任何计划出台。这不仅是因为技术难题，还有登陆月球远端比近端的成本要高很多的因素在内。美国航宇局好像对登陆火星更感兴趣，而不是重返美国已经登陆过的月球。

外媒认为，中国这样做不仅是试图通过嫦娥四号来展示自己的太空实力，还希望自己在争夺月球资源，尤其是在水和氦 -3 的竞争中胜出。

嫦娥四号 2019 年首次月球背面软着陆实现三大"壮举"

● 首次实现人类探测器造访月球背面
● 首次实现人类航天器在地月 L2 点对地中继通信
● 为科学工作者提供月球背面空间科学研究平台
  获得一批重大原创性科学研究成果

未来月球开发想象图

月球的远端是安放无线电天文望远镜的极佳地点，亦是天文学家和地理学家的梦想之地。月球背面的艾特肯盆地环形山可能有月幔的一部分，这有助于科学家们了解月球的内部构造和它形成的原因及过程。

艾特肯盆地

艾特肯盆地是一个从月球南极延伸至中纬度区域的低凹地，其最宽处直径达 2400 千米，深度约为 8 千米。由于此地终年不见阳光，环境温度很低，因此专家们估计那里可能有储量丰富的水冰，可用作航天火箭燃料的来源以及登月航天员的生活资料，还可能有可供开发生产的矿产资源。艾特肯盆地是太阳系中具有 40 亿年历史的最大、最深和最古老的火山口之一，很可能埋藏着太阳系形成初期的秘密。同时还可在盆地合适位置部署一个低频无线电天线阵来观测宇宙早期的第一批恒星，以开拓天文学的视野。正因如此，欧洲空间局准备发射航天器软着陆该盆地对其进行考察，并筹划未来在此建立月球村。嫦娥四号选择了相对理想靠近月球南极艾特肯盆地着陆点，作为嫦娥四号在月球背面的新家园，但由于此盆地温度很低，因此，对嫦娥四号月球探测器采取了特殊的保护措施。

左为月球正面，右为月球背面

嫦娥三号着陆区是月球正面的虹湾地区，那里布满了月海玄武岩，地势较为开阔、平坦，既便于选择科学勘察目标，也有利于与地球开展通信联系。而嫦娥四号的着陆地点是位于月球背面南极艾特肯盆地中部的冯·卡门撞击坑，该着陆区面积比虹湾地区小很多，但是月球背面山峰林立、大坑套小坑，很难找出更大、更平坦的地方供嫦娥四号安身。要在这样的环境条件下平安降落，嫦娥四号不仅要采取几乎垂直的降落方式，还需要有比嫦娥三号更高的着陆精度。

由于月球背面永远躲在地球的视线之外，嫦娥四号着陆在月背之后如何实现与地球的信号传输就成了一个必须解决的问题。这就需要向地月拉格朗日 L2 点发射一颗卫星，在晕轨道上运行，作为空间通信中继站，此举也是嫦娥四号任务的一大关键。

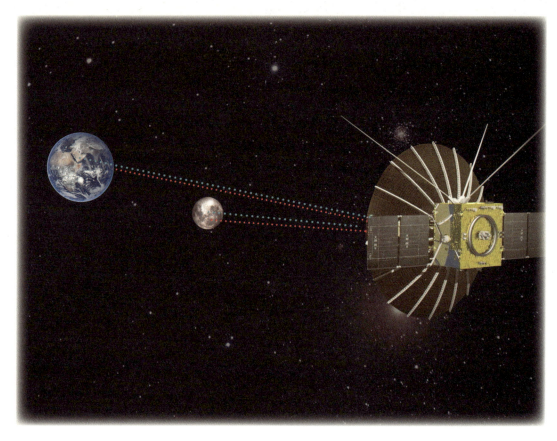

中继卫星与探测器和地球通信示意图

2018年12月8日2时23分，我国在西昌卫星发射中心用长征三号乙运载火箭成功发射嫦娥四号探测器，开启了月球探测的新征程。嫦娥四号经历地月转移、近月制动、环月飞行，最终实现了人类首次月球背面软着陆，开展月球背面就位探测及巡视探测，并通过已在使命轨道运行的"鹊桥"中继星，实现月球背面与地球之间的中继通信。

嫦娥四号有三大科学任务：开展月球背面低频射电天文观测与研究；开展月球背面巡视区形貌、矿物组分及月表浅层结构探测与研究；试验性开展月球背面中子辐射剂量、中性原子等月球环境探测研究。

嫦娥四号攀登目标将锁定在两个"国际首次"上：首次实现月球背面软着陆和巡视勘察；首次实现地月L2点中继星对地对月的测控、数传中继。

长征三号乙运载火箭成功发射嫦娥四号探测器

用长征四号丙运载火箭发射中继星搭建地月"鹊桥"

根据嫦娥四号的研制情况和方案，2018 年 5 月 21 日 5 时 28 分，我国在西昌卫星发射中心用长征四号丙运载火箭，成功将探月工程嫦娥四号任务"鹊桥号"中继星发射升空。长征四号丙运载火箭运行 25 分钟后，星箭分离，将"鹊桥号"中继星直接送入近地点高度 200 千米，远地点高度 40 万千米的预定地月转移轨道，卫星太阳翼和中继通信天线展开正常。"鹊桥号"中继星是世界首颗运行于地月拉格朗日 L2 点的通信卫星，为 2019 年年底开始实施的嫦娥四号月球探测任务提供地月间的中继通信。

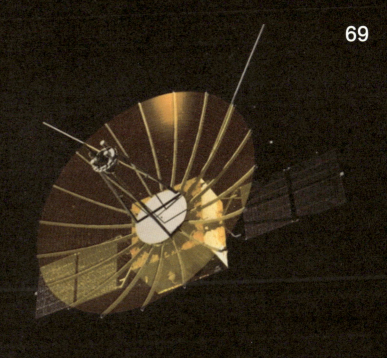

"鹊桥号"中继通信卫星

　　在 2018 年年底发射着陆器和巡视器，两者的难度和风险比较大。目前卫星和相关运载火箭的研制情况进展顺利。从探测器来说，还是用长征三号乙火箭进行发射，从中继星来说，考虑到卫星和火箭的相互匹配性，选用了长征四号丙火箭进行发射。在此之前，长征三号乙火箭已经发射了嫦娥三号，而长征四号丙也发射了多颗绕地卫星，但是参与地球外的深空探测，这还是第一次。将来运行在地月拉格朗日 L2 点晕轨道上的中继卫星，不仅能够相对稳定地开展对地、对月的通信工作，同时还给它安排了探测任务，包括对月球和深空的探测，后者也体现了我国航天技术的一种创新举措。

　　嫦娥四号虽然发射时间晚了一些，但其着陆探月获得了史无前例的成就，没有辜负人们的期待。

进行卫星吊装　　　　　　　　进行卫星转运　　　　　　　　卫星矗立在发射架上

嫦娥五号将完成落月采样并返回地球的任务

　　一提起我国的嫦娥探月工程，不少人常常把探月工程三期和嫦娥三号相混淆，这是一种概念上的错觉。实际上，整个嫦娥探月工程分为"绕、落、回"三个阶段。第一期工程就是发射航天器绕月飞行，对月球进行探测，并将获得的数据资料传回地球。这一任务已由嫦娥一号卫星完成。第二期工程就是发射航天器软着陆月球表面开展巡视探测工作，并将获得的数据资料传回地球。这一任务已由嫦娥三号卫星完成。第三期工程就是要达到发射航天器软着陆月面完成月球采样并送回地球的目标，对嫦娥三号在设计上就没有在月球取样返回的要求。探月三期工程的使命将要由新研制的嫦娥五号或者嫦娥六号来完成，前者在 2019 年奔月、后者可能将在其后安排奔月，完成这项任务。要实现中国第一次月球采样返回，需要突破很多技术，如样品采集技术、月面上升起飞技术、月球轨道交会对接技术、进入月地转移轨道技术等，因为是高速返回，还需要突破再入地球大气层技术等难题。

　　探月三期工程的核心是用探测器完成无人月球表面采样并返回地球。具体而言，嫦娥五号探测器着陆到月面后将进行钻取和铲取两种方式的采样，然后通过上升、交会对接、月地转移和高速再入返回等一系列过程，将月球样品运回地球，供科研人员进行详细的实验分析，以深化人类对月球情况的认识。这将在中国航天史上谱写新的华章，铸就新的辉煌。此壮举的成功实施，甚至可为把月球作为一个研究太空的基地奠定基础，也就等于接近抢占了新的制高点。

　　嫦娥五号探测器由轨道器、返回器、着陆器、上升器4个部分组成。有资料介绍说，嫦娥五号将带着"四件套"升空，分别是月球着陆探测器、月面巡视器、月面上升器和轨道返回器。也就是说，着陆器分为月球着陆探测器、月面巡视器；上升器又称月面上升器；返回器、着陆器合称轨道返回器。其构成情况比嫦娥一号、嫦娥二号、嫦娥三号都要复杂得多。

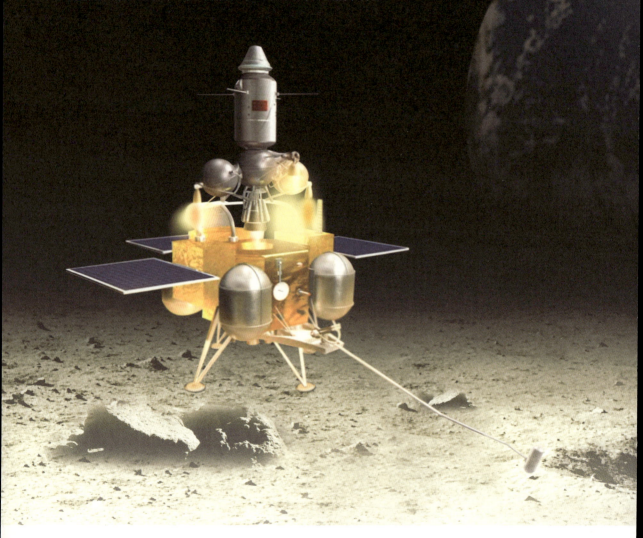

嫦娥五号探测器预计在2019年由长征五号运载火箭在我国海南省文昌卫星发射中心发射升空，自动完成月面样品采集，并从月球起飞，返回地球，带回约2千克的月球样品。嫦娥三号重约不到4吨，而嫦娥五号却达到8.2吨，重量增加了一倍多，因此其发射任务要使用推力更大的长征五号火箭来执行。嫦娥五号是负责探月三期工程采样返回任务的我国首颗地月采样往返卫星，发射升空进入奔月轨道飞抵月球附近后，要及时进行轨道制动，继而进入环月轨道运行，再适时释放着陆器、上升器两个部分，而轨道器、返回器却仍然进行绕月飞行。连成一个整体的着陆器、上升器在降落月面的过程中，于适当高度启动反推力火箭工作，朝月面方向喷火，以降低下行速度，最后软着陆预定的月面地区，再经过分离工作，着陆器即按照原定程序开始执行着陆探测、月面巡视探测和采样任务。

为了完成科学任务，嫦娥五号着陆器将搭载多种有用载荷，主要包含下降相机、光学相机、月球矿物光谱阐发仪、月壤气体分析仪、月壤布局探测仪、采样剖面测温仪、岩芯钻探机和机器取样器等。采样方面，不仅要采获月球表面的月土，还要打孔，从2米底下的月球土层中取出不同深度的材料，拿回地球，因此嫦娥五号上还将携带钻孔机，即岩芯钻探机。

嫦娥五号计划在月面采集约2千克样品，并且主要是通过钻取方式，在月表深挖2米取样。样品必须原原本本，不能破坏其层次结构并放置到封装器里。另外，它还要用一个铲子从周围的土壤中铲出样品来放置到封装器里。这些采样和封装工作都是在月面真空环境下按照预设程序自动操作来完成的。只有把获得的样品完好地放置在封装器里，最后才能运回地球。

嫦娥五号的第一个科学目标是展开着陆点区的形貌探测和地质背景勘察，获取与月球样品相关的现场分析数据，建立现场探测数据与实验室分析数据之间的联系。主要包含着陆区的地形地貌探测，采样点周围形貌与结构构造特性，撞击坑的形貌、大小与分布等。物质成分探测采样点的物质成分特性、月壤物理特征与结构、月壳浅层的温度梯度探测等，并将获得的数据资料适时传回地球。

第二个科学目标是让专业团队能对运回地面的月球样品进行系统、长期的实验室研究，分析月壤与月岩的物理特征与结构构造、矿物与化学组成、微量元素与同位素组成、月球岩石形成与演化过程的同位素年龄测定、宇宙辐射与太阳风离子与月球的互相作用、太空风化过程与环境演化过程等，以深化对月球成因和演化历史的认识。

嫦娥五号研制历程

2009 年，我国在探月二期工程实施的同时，为衔接探月工程一、二期，兼顾中国未来载人登月和深空探测发展，正式启动了探月三期工程的方案论证和预先研究。三期工程于 2011 年立项，任务目标是实现月面无人采样返回。工程规划了两次正式任务和一次飞行试验任务。分别命名为嫦娥五号、嫦娥六号和高速再入返回飞行试验器任务。其中，嫦娥五号探测器是我国首个实施月面取样返回的航天器。2015 年 3 月，中国空间技术研究院空间科学与深空探测首席科学家叶培建院士表示，嫦娥五号正在进行研制，进展良好，已于 2017 年在海南发射；而高速再入返回飞行试验器早已发射升空并完成了任务。

嫦娥五号于 2013 年转入初样研制阶段，2015 年按计划完成了初样设计和产品研制，通过技术攻关、地面试验、系统间试验、专题研究和全过程任务链路分析等，验证了初样设计、工艺方案和地面设备以及发射场合练工作等，完成了各系统初样转正样研制阶段评审和探月工程三期转正样阶段评审。2016 年 2 月 20 日媒体报道，经探月工程重大专项领导小组会议审议，嫦娥五号任务正式由初样研制转入正样研制阶段。

嫦娥五号要面对取样、上升、对接和高速再入等主要技术难题。根据设计方案，嫦娥五号着陆器、上升器将进行月面软着陆，着陆器自动进行月面采样、样品封装等操作，样品封装器将由上升器携带升空进入月球轨道，与环月轨道上的轨道返回器对接，随即把样品封装器转移到返回器内部，接着抛弃上升器，最后轨道器携带返回器点火机动，从环月轨道转移到月地轨道，直接返回地球，返回器将在再入大气层前与轨道器分离，最后降

嫦娥五号着陆器模型

嫦娥五号卫星在技术厂房

落在我国内蒙古草原的四子王旗回收场上，而轨道器则成了太空垃圾。与载人航天在地球轨道的交会对接相比，嫦娥五号的交会对接是在月球轨道上，由于距离远，难度要更大一些。

从这个轨道器、返回器、着陆器、上升器以及环月轨道对接的复杂设计方案看，嫦娥五号就是无人版的阿波罗登月的往返飞行。当前同样计划使用类似设计的深空探测器方案，是美国尚未立项的火星取样返回探测器，不过它最早也要在 2024 年以后发射，而我国的嫦娥五号将在 2019 年使用长征五号火箭发射。嫦娥五号取样返回的复杂性和先进性在已有和正在研制中的深空探测器里是空前的。嫦娥五号返回器从月地轨道上返回有着很大的速度，如果无法减速，那么就会被"弹"出地球大气层，再入之后的返回器速度将达到 43 千米 / 小时的速度，相当于 32 倍的声音速度，迄今为止我国设计的航天器还没有达到如此高的再入速度，因此如何安全控制返回器重返大气层乃是嫦娥五号能否成功的关键。这要借鉴再入返回飞行试验器的返回舱已经成功回收的经验，并在再入的气动、热防护、制导导航与控制等关键技术方面进一步做好研制工作。

嫦娥五号可以携带 2 千克月球样本返回地球，这是使用复杂的月球轨道交会对接技术的结果。1970—1976 年，苏联的 3 个月球号探测器合计取回月样仅为 320 克，相比之下，可见嫦娥五号的优越性能。

按照我国航天的惯例，嫦娥五号还有一个备份星嫦娥六号。嫦娥五号往返飞行如果成功，嫦娥六号将会增减部分设备提高技术水平，根据探月一期和二期的月球探测成果，选取探测价值更大区域如月球极区或是在月球背面取样返回。不过嫦娥六号的使命还要等待嫦娥五号任务的执行情况来定，目前还很难对此做出有效的预测。

我国当前探月工程依然处于无人探月阶段，目前在太空的 3 个月球探测器当中，嫦娥二号已经成了人造太阳系小行星，嫦娥三号和玉兔号月球车在月球上工作，直至 2016 年 8 月 4 日正式退役。嫦娥五号的探路飞行器小飞即探月工程三期再入返回飞行试验器的返回舱虽然已经成功回收，但是服务舱还在月球轨道上飞行。

通过嫦娥五号的研制和实施，我国将突破月表自动采样、样品的封装与保存、月面动力上升、月球轨道交会对接、采样返回轨道设计、地球大气高速再入、多目标高精度测控通信、月球样品储存和地面实验室分析等关键技术，提升航天技术水平；具备月球无人采样返回的能力，首次实现中国月面自动采样返回，实现航天技术的重大跨越；完善中国的月球探测航天工程体系，形成重大项目实施的科学的工程管理方法，为后续载人登月和深空探测工程服务。通过实施嫦娥五号无人月球采样返回任务，中国在月球科学研究方面将更进一步地开展多方面的实验分析工作。

长征五号运载火箭

长征五号大型运载火箭

重达 8.2 吨的嫦娥五号要使用推力更大的长征五号运载火箭在海南文昌卫星发射中心来进行发射。我国于 2015 年 12 月完成嫦娥五号和长征五号的发射场合练工作。新探测器、新运载火箭、新发射场聚首合练，就是新探测器、新运载火箭和新发射场的首次"见面"，其主要目的是验看 3 个"新"会带来什么风险，磨合会不会出现问题，接口是不是都匹配，工作流程是不是合理，有没有什么问题没想到。合练结果显示均已达到预定目的。

2015 年 2 月 9 日 16 时，长征五号运载火箭芯一级动力系统试车取得圆满成功。这不仅为长征五号运载火箭计划在 2016 年实现首飞和发射嫦娥五号探测器奠定了坚实基础，而且引起了人们对我国研制大型运载火箭的关注。

火箭芯一级动力系统试车取得圆满成功

据不完全统计，迄今为止世界各国已经完成了 5000 多次运载火箭发射，将 7000 多个航天器送入了太空。按照运载能力划分，运载火箭分为小型、中型、大型和重型 4 类。由于各国运载火箭技术发展阶段的不同，即使同一个国家对运载火箭的规模定义划分也是不同的。

在我国，一般将近地轨道运载能力为 2 吨及其以下的火箭称为小型运载火箭，近地轨道运载能力为 2～20 吨的火箭称为中型运载火箭，近地轨道运载能力为 20～50 吨的火箭称为大型运载火箭，近地轨道运载能力为 50 吨及其以上的火箭称为重型运载火箭。

俄罗斯安加拉 A5 运载火箭

2014 年 12 月 19 日，印度研制的 GSLV-MK3 火箭成功进行了亚轨道飞行试验。按照上述标准划分，该型火箭近地轨道运载能力达到 10 吨、地球同步转移轨道运载能力达到 4 吨。其近地轨道运载能力略大于我国的长征二号 E 火箭的 9.2 吨，地球同步转移轨道运载能力低于我国长征三号乙火箭的 5.1 吨。虽然印方将 GSLV-MK3 称为重型火箭，但它与长征二号 E、长征三号乙同属于中型运载火箭。而 2014 年 12 月 23 日俄罗斯成功发射的安加拉 A5 火箭与我国正在研制的长征五号 B 火箭能力相当，同属于大型运载火箭，安加拉 A5 发射重量达到 773 吨，近地轨道的最大运载能力达到 24 吨。

印度 GSLV-MK3 火箭

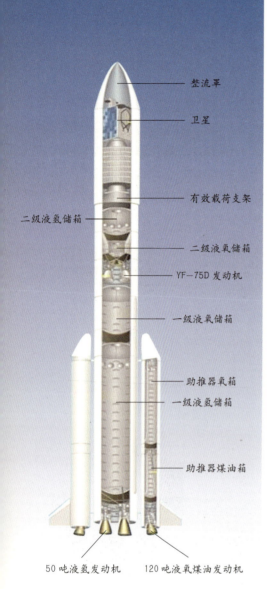

整流罩

卫星

有效载荷支架

二级液氢储箱

二级液氧储箱

YF—75D 发动机

一级液氧储箱

助推器氧箱

一级液氢储箱

助推器煤油箱

50 吨液氢发动机   120 吨液氧煤油发动机

长征五号 B 运载火箭结构示意图

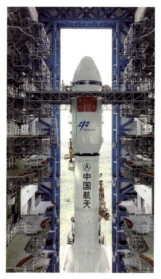

长征五号 B 运载火箭

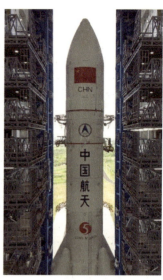

长征五号运载火箭基本型

　　长征五号 B 运载火箭是中国运载火箭技术研究院研制的中国新一代运载火箭中长征五号系列里近地轨道运载能力最大的火箭。长征五号于 2006 年正式立项，长征五号 B 采用一级半构型，由整流罩 5 米直径的芯级和 4 个 3.35 米直径的助推器构成。其近地轨道的运载能力将达到 25 吨，是之前中国相同轨道不到 10 吨的运载能力的 2.5 倍多，将用来发射重量约 20 吨的未来中国空间站的核心舱。长征五号 B 预计于 2019 年在海南文昌卫星发射中心发射。

海南文昌航天发射场

直至目前，世界上只有美国和俄罗斯两国研制并使用过重型火箭。如美国发射阿波罗载人登月飞船用的土星5号三级液体运载火箭，苏联发射暴风雪号航天飞机用的一级半结构的能源号液体运载火箭。

长征五号运载火箭用4种通用化的模块采取不同的搭配方式能够构成6款系列火箭，其中5米直径芯一级模块配置2台50吨级以液氢液氧为推进剂的 YF-77 火箭发动机乃是各款火箭都必须采用的。由此可见，芯一级动力系统试车取得圆满成功，这在长征五号火箭研制过程中具有里程碑的意义，为各型火箭的研制成功和后续探月三期、我国空间站建设的顺利实施奠定了基础。

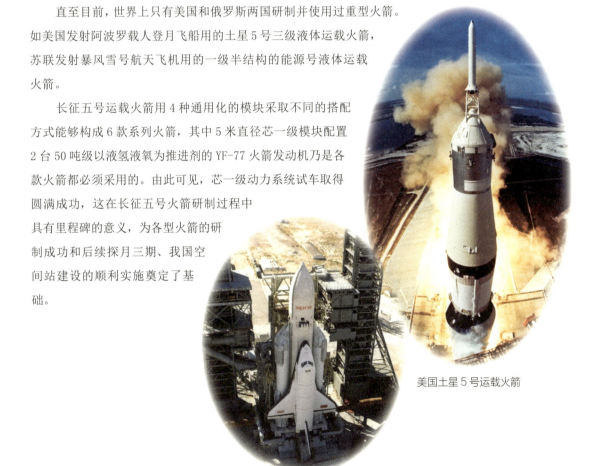

美国土星5号运载火箭

苏联能源号运载火箭

长征五号火箭圆满完成芯一级动力系统试车

长征五号运载火箭芯一级动力系统试车，从产品方案到产品准备历时两年半的时间。直到2014年12月20日，动力系统才被转运至试车台。而在之后的52天里，参试队员们对它进行了分系统测试、匹配试验、6次总检查以及多轮的故障排除和安全系统评审等多项测试。让试验队员们非常欣慰的是，芯一级动力系统在进入发射台后各项工作开展得非常顺利。

此次芯一级动力系统试车是长征五号火箭出厂前的关键步骤。这次试车主要考核和检验芯一级模块设计方案的正确性和各系统接口的匹配性、可靠性，并获取火箭工作时产生的力、热等环境数据的分布情况。

在本次试车过程中，长征五号火箭芯一级动力系统按照飞行状态被系固在火箭动力系统试车台上，进行460秒的发动机点火工作试验，其中还包括30秒的发动机摇摆试验。用于此次试验的长征五号运载火箭芯一级产品，直径5米，总长约33米，使用无毒无污染的液态氧和液态氢作为推进剂。点火后，燃烧的火焰高速喷向下面的导流槽并随即被水流淹灭，由各种测量仪器仪表显示试验过程中的参数，结果证明火箭芯一级各系统工作稳定，各项指标和动力性能符合要求，发动机按照预定程序正常关机，达到了预期目的。此次试验是长征五号运载火箭工程研制过程中重大标志性地面试验之一，也是我国迄今为止开展的最大规模、最长时间的火箭系统级动力试车。试车成功标志着这项工程研制取得重大进展。

YF-77液氢液氧发动机在技术厂房

完成测试的长征五号芯二级动力系统试车箭（左侧是 5 米直径的二级
液氢储箱，右侧是 3.35 米直径的二级液氧储箱）

这次芯一级动力系统试车作为我国首次 5 米直径模块的动力系统大型试验，是长征五号火箭风险最高、规模最大的地面试验。芯一级动力系统低温推进剂加注规模、技术创新和攻关难度在国内动力系统地面试验当中都是前所未有。需要特别指出的是，芯一级动力系统氢氧循环预冷、大推力氢氧发动机双机并联在我国运载火箭研制领域都是首次应用。同时，与其他类型火箭发动机试验相比，这次芯一级动力系统试车，试验队员们要经受高温、高压、易爆、强震等更多危险的"考验"。

120 吨级液氧煤油发动机试验获得圆满成功

2016 年 11 月 3 日 20 时 43 分，我国首枚大型运载火箭长征五号在中国文昌航天发射场点火升空

长征五号运载火箭是我国采用无毒、无污染推进剂的新一代大型运载火箭，研制成功后，将具备近地轨道 25 吨级、地球同步转移轨道 14 吨级的运载能力。与现役运载火箭相比，长征五号运载火箭将使我国进入空间的能力提高 2.5 倍以上，综合指标可以达到国际主流的运载火箭水平，同时也将大幅度提升我国开发利用空间资源、维护国家安全的能力，为我国未来航天科技的发展搭建更广阔的舞台。

与长征三号系列运载火箭相比，长征五号有很多新特性，比如运载能力大、无毒无污染、可靠性高、投入产出比更大。长征五号还有一个特点，即系列化、通用化、组合化，一种火箭多种构型，具有较全的各级推力火箭体系，适应能力更宽。此外，长征五号的最大起飞重量 784.5 吨，有效载荷大，近地轨道载荷达 25 吨，而目前我国火箭低轨道载荷尚不到 10 吨。长征五号火箭未来主要用于深空探测和登月计划，包括为后续探月三期工程嫦娥五号探测器的发射。

长征五号采用模块化设计，火箭各组成部分对应不同的模块：芯一级对应 5 米直径火箭芯级模块，芯二级对应 5 米直径火箭上面级模块，3.35 米直径助推器对应 3.35 米直径火箭助推级模块，2.25 米直径助推器对应 2.25 米直径火箭助推级模块。4 种基础模块根据不同方式搭配再加上整流罩等火箭部件就形成 6 种不同构型的系列运载火箭。

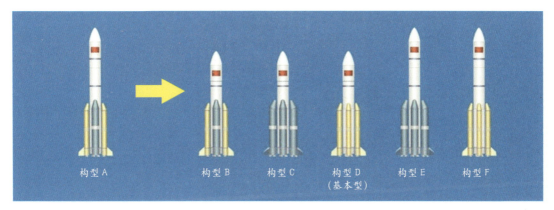

长征五号运载火箭构型

不同构型的火箭，依次用字母 A～F 表示，分别对应其下属的 6 款火箭。其中构型 A、B、C 为捆绑着助推器的一级半火箭结构，主要用于发射近地轨道航天器；构型 D、E、F 为捆绑着助推器的二级半火箭结构，主要用于发射高轨道航天器，其中构型 D 为基本型。

长征五号基本型即构型 D 包含了上述所有 4 个模块，涵盖了系列火箭所有关键技术项目，结构具有代表性。这种带助推器的两级半火箭，由顶至下依次为卫星整流罩、子二级即上面级、子一级、2 个 3.35 米和 2 个 2.25 米直径的助推器组成。在 5 米直径芯一级外围捆绑了 4 个助推器，3.35 米和 2.25 米直径助推器交替排列。3.35 米直径助推器配置 2 台 120 吨级以煤油液氧为推进剂的 YF-100 火箭发动机，2.25 米直径助推器配置单台 120 吨煤油液氧发动机。每个助推器上有一个稳定尾翼。芯一级还使用相应的新的增压输送系统和伺服机构等。5 米直径芯二级即上面级采用改进的长征三号甲三子级膨胀循环氢氧发动机 YF-75D 作为主动力。为了简化操作，提高可靠性，降低成本，芯级采用独立结构的贮箱，而不采用共底结构。

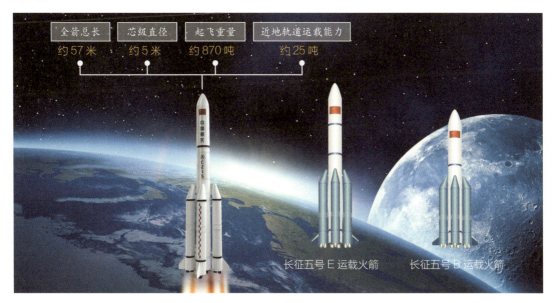

长征五号运载火箭基本型说明

长征五号运载火箭技术厂房

长征五号E运载火箭是长征五号系列中最大的火箭。该火箭采用二级半构型，由整流罩5米直径的芯级和4个3.35米直径的助推器构成。芯一级配有两台YF-77氢氧火箭发动机，产生约100吨的推力，两台发动机均可摆动。每个助推器配有两台YF-100煤油液氧火箭发动机，产生约240吨的推力，其中一台发动机可摆动。4个3.35米直径的助推器可产生960吨的推力。助推器上部从上到下依次存放液氧氧化剂箱和煤油燃烧剂箱。芯二级配有两台YF-75D氢氧火箭发动机，产生约16吨的推力，两台发动机均可摆动，且具备较多的启动次数。长征五号E上部的整流罩外部直径5.2米。火箭全长63.2米，起飞质量850吨。显然，它的起飞推力要大于长征五号D，其地球同步转移轨道的运载能力将达到14吨，比之前中国相同轨道5.5吨的运载能力高出一倍多，被用于发射中国返回式月球探测器嫦娥五号和嫦娥六号。

长征五号运载火箭是中国新一代运载火箭中的主力军，最大起飞推力达到1000吨以上。大火箭的起飞推力大、直径大，其驱动布局、材料结构和强度等都有新特性，长征五号各种构型覆盖了近地轨道10～25吨、地球同步转移轨道6～14吨的运力范围。

研制大、重型运载火箭是一个国家战略力量的基础，将促进众多相关科技的创新，势必推动航天技术的迅猛发展，更有效地利用空间资源，给国家带来经济繁荣，同时也会提高人民的生活质量。

链接 龙乐豪：中国运载火箭系列总设计师

　　龙乐豪，1938 年出生，湖北武汉市人。2001 年当选为中国工程院院士、战略导弹与运载火箭技术专家。1963 年毕业于上海交通大学自动控制专业，同年分配到国防部第五研究院（即后来的七机部）和航天部第一总体设计部工作。历任技术员、工程组长、总体室主任、长征三号火箭总体主任设计师；总体设计部主任。1986 年与 1989 年先后兼任长征三号甲火箭副总设计师与总设计师，1991 年任中国运载火箭技术研究院副院长，兼任长征三号甲、长征三号乙、长征三号丙火箭总设计师与总指挥。现任中国运载火箭技术研究院运载火箭系列总设计师、国家月球探测工程副总设计师。

　　龙乐豪设计的长征三号甲运载火箭、长征三号乙运载火箭均获得 1998 年度国家科技进步奖特等奖。此外，他还获得何梁何利基金科学与技术进步奖、国家杰出专业技术人才奖章、首届"五一劳动奖章"和全国优秀科技工作者等奖项。他主持的我国运载火箭发展规划与月球探测运载火箭选型论证工作，所提出的发展思路、技术途径与实施方案均得到国家主管部门的采纳。

　　目前龙乐豪还担任上海交通大学、北京航空航天大学、浙江工业大学的兼职教授，着力于教育、培养下一代的工作。

中国载人登月工程

　　嫦娥五号和嫦娥六号共同完成中国探月三期工程即实现月球采样并自动返回地球的任务后，将为我国载人登月创造了条件。也就是说，通过探月工程的实施，我国将掌握一系列探月关键技术，建立相关地面设施，为载人登月奠定一定的基础，使九天揽月由探月阶段进入登月阶段。

长征九号重型运载火箭示意图

研制长征九号重型运载火箭

要想实现载人登月和送人着陆火星以及重大的深空探测等目标，就需要重型运载火箭，目前，我国正在进行重型火箭长征九号的相关预研工作。通常将近地轨道运载能力为 50 吨及其以上的火箭称为重型运载火箭，长征九号的这一能力将超过 100 吨。

2015 年年初，中国运载火箭技术研究院已经启动重型火箭长征九号的关键技术研制，国防科技工业局已经正式批准对重型火箭的关键技术深入研究，主要包括两个方面：一是总体技术，二是发动机技术，从而实现重型火箭起飞推力在长征五号大型火箭 1000 吨的基础上提升至 3000 吨以上的目标。这无疑是一步巨大的跨越。

长征九号由直径达 9 米的芯级火箭和周围对称地捆绑着 4 个直径为 3.35 米的助推器组成。芯级一级为 4 台液氧煤油发动机 YF-460，每台推力为 460 吨，周围捆绑 4 台助推器，每个助推器为 1 台 YF-460 发动机，二级为 1 台推力 220 吨的液氧液氢发动机 YF-220，火箭总体为 2 级半结构，全长近 100 米，起飞质量达到 3000 吨。发射时芯一级和 4 台助推器同时点火，起飞推力达到 3680 吨，近地轨道运载能力达到 100 吨以上，地月转移轨道运载能力至少 50 吨，与美国多次成功发射阿波罗载人登月飞船的土星五号火箭运力相近，成为我国未来执行载人登月、大规模深空探测任务的运载工具。

航天科技集团负责人表示，我国正在加快实施重型火箭长征九号关键技术的预先研究，力争用 4～5 年时间突破火箭总体设计，以及 460 吨液氧煤油发动机、220 吨氢氧发动机和 9 米左右直径火箭箭体结构设计制造等关键技术；用约 15 年的时间完成整个火箭的研制，争取在 2030 年前后从海南文昌卫星发射中心实现首飞。

我国成功研制直径 10 米运载火箭铝环

土星五号运载火箭与中国运载火箭长征九号

大火箭生产厂房

火箭研制已经攻克的两大技术难题

  2014 年 6 月 14 日，由中国航天科技集团公司六院北京 11 所设计的重型运载火箭氢氧发动机大流量单喷嘴试验取得成功。此次试验是针对该型发动机大流量高效稳定燃烧技术的研究性试验，是从多种设计方案中挑选出来的一种可行途径。这可能是中国未来长征九号火箭计划采用的 YF-220 大推力氢氧发动机的基础技术预研项目，是中国登月万里长征路上迈出的一步。

  长征九号重型火箭采用超大直径 9 米箭体结构设计，位于连接贮箱的筒段、前后底与火箭的箱间段之间的过渡环直径很大，是传力的关键部位，承载力强，受力较集中。以往型号产品的过渡环通常采用分段式锻造，把各部段之间焊接起来。重型火箭的过渡环直径大，界面形式特殊且复杂，对其强度要求较高，焊接时可能会产生瑕疵，在未来执行任务过程中，可能会因受力状态复杂，遭到难以预料的破坏，继而影响到未来执行任务，因而从增强工程安全性出发，必须采用整体锻造法制备过渡环。

据报道，中国运载火箭技术研究院一部牵头国内相关单位，采用整体锻造法成功研制出重型火箭贮箱过渡环，突破了超大直径整体锻造关键技术，在国内乃至世界尚属首创。这标志着长征九号重型火箭预研工作突破了一大瓶颈难题，为后续研制的顺利开展奠定了基础。同时，此消息也引起了人们对我国研制新一代大推力火箭的关注。

为增强过渡环的受力强度，保障火箭发射和飞行的安全，运载火箭技术研究院一部采用整体锻造法制备过渡环，从小直径过渡环锻造入手，逐步改进工艺，不断确定合适的工艺流程细节。经过一年多攻关，一部最终完成了过渡环整体锻造的研制，为我国超大直径箭体结构的设计、制造、试验等关键技术奠定了基础，也为重型运载火箭结构件轻质化研制提供了技术支撑并积累了经验。

我国现役运载火箭芯级最大直径为 3.35 米，而长征五号大推力火箭芯级直径达到 5 米。以长征五号火箭直径从 3.35 米跨越到 5 米的研制经验来看，研制大直径 9 米的火箭箭体对制造工艺提出了更高的要求，在焊接技术、原材料、大推力发动机等领域都需要进一步提升，不断进行创新。

为了降低结构重量，长征九号火箭的推进剂储箱将使用轻质高强度的铝锂合金，级间段和整流罩使用复合材料；火箭电气和控制系统将使用故障诊断系统。火箭制导系统将使用捷联惯导＋卫星导航＋星光导航的先进复合制导方案，软件方面使用摄动加迭代的制导律，此外火箭还将具备基于天基天链系统的遥测控制能力。采用这些先进技术将显著提高长征九号重型运载火箭的性能。长征九号火箭可推动铝锂合金箭体、先进电气和制导控制系统等技术的提高，也可提高长征五号等火箭的性能和技术水平。

长征九号重型火箭的设计既考虑了使用新技术升级现有火箭等因素，又顾及充分利用现有试验设备和成熟技术。未装逃逸塔和整流罩时的长征九号火箭全长约 88 米，早已建成的天津新一代大型运载火箭基地的 93 米高度全箭振动塔足以对其进行全箭振动试验，这将分摊长征五号火箭的研发投资，降低长征九号的研制费用。我国为研制长征五号助推器即推力 120 吨的 YF-100 液氧煤油发动机建设了最大可支持 500 吨级液体火箭发动机的试车台，可以直接支持下一代的 YF-460 吨级液氧煤油发动机研制，供其进行热试车，从而节省了部分研发投资。

长征九号重型运载火箭作为我国新一代航天动力系统，待其研制成功后，将为实施载人登月等国家重大专项任务提供动力保障。长征九号火箭总体设计上也有很多优点，如芯一级使用大推力液氧煤油发动机，并继承现有长征火箭芯级推质比大于 1 可独立使用的风格。我国未来在用长征九号实施载人登月等大项目的同时，还可独立使用其芯级发射其航天器。因为芯级本身就是近地轨道运载能力约 50 吨级的重型运载火箭，可用于近地轨道或静止轨道的超大载荷发射任务，或一箭多星发射大型通信卫星。这样的设计以不变应万变，可以在未来不同预算条件下提高投资的效费比。这就较好地兼顾了大运力和经济性的冲突，避免了土星五号用途过于单一的弊端。可以预见，长征九号火箭未来不仅将完成我国载人登月的壮举，而且它的衍生型号还把我国运载火箭技术水平提高到一个新的高度。

载人登月的重要意义

　　载人登月可为将来先在月球选择地点临时住人后在月球建立基地奠定长期住人基础，进而为开发利用月球资源创造条件。到了一定阶段，甚至可以开展普通人飞往月球的旅游活动，把上天揽月的梦想变成老百姓也可以做到的事情。包括月球在内的太空还是一个无主地，原来只有美国、俄罗斯等国家在太空研究上占主要地位，如果中国在月球上有了立足之地，具备了自己的基地和一定的研究能力，一旦将来在太空领域产生安全方面的隐患，就可能提前被发现，进而采取有效的针对性措施，以防患于未然。同时，这也为深空研究提供了前所未有的优越条件，有利于取得超越前人的成就。

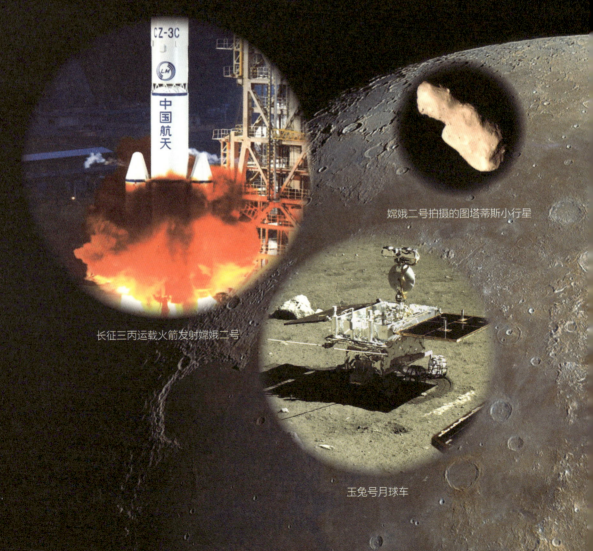

嫦娥二号拍摄的图塔蒂斯小行星

长征三丙运载火箭发射嫦娥二号

玉兔号月球车

从以上内容不难看出，探月工程是继人造地球卫星、载人航天工程后我国航天事业的又一重大工程。自 2004 年实施以来，探月工程取得了一系列重大科技成果。嫦娥一号任务，实现了我国自主研制的卫星进入月球轨道并获得全月图；嫦娥二号为三号验证了部分关键技术并详细勘察了落月区域，获得了世界首幅 7 米分辨率全月图；嫦娥三号任务，首次实现了我国航天器在地外天体软着陆和巡视勘察，标志着我国探月工程第二步战略目标的全面实现。2014 年 11 月 1 日，探月工程三期再入返回飞行试验返回器结束了 8 天的地月之旅，完美返回地球，中国探月结束了"单程时代"。这些为发射落月航天器采集月球样品并送回地球奠定了技术基础。

嫦娥五号在技术厂房

探月再入返回飞行试验器的返回器成功降落

中国空间站效果图

我国将在 2022 年建成空间站

　　建设空间站将为我国下一步载人登月进行技术储备。时任中国载人航天工程办公室副主任杨利伟在 2014 年 9 月 10 日第 27 届太空探索者协会年会新闻发布会上说，中国将在 2022 年建成空间站，并详细介绍了空间站研制、发射的计划以及航天员培养的最新进展情况。这一消息立即引起了人们对中国空间站工程的关注。建设中国空间站不仅要使用长征五号运载火箭和进一步完善神舟号载人飞船的性能，还要研制新的天舟号货运飞船和培养新一批航天员，其载人飞行的经验将为我国下一步载人登月提供借鉴。同时，建成中国空间站也显示了我国航天技术的实力和水平。

神舟五号将中国首位航天员杨利伟送入太空

神舟六号将费俊龙和聂海胜两名中国航天员送入太空

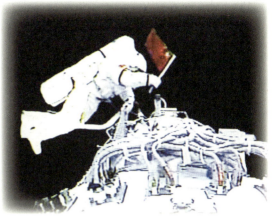

神舟七号载人航天飞行实现了航天员出舱活动和小卫星伴飞，成功完成了多项技术试验，开启了我国载人航天工程的新篇章

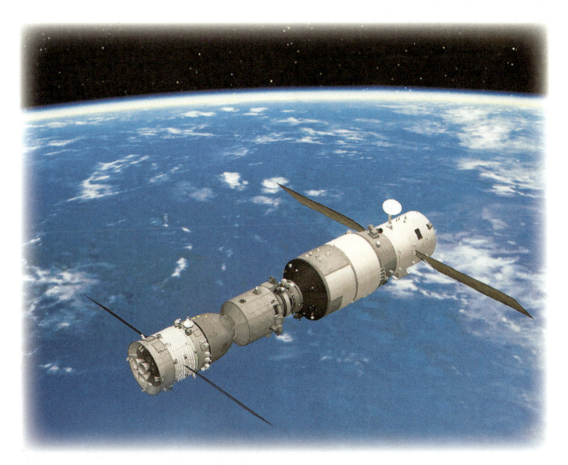

神舟八号飞船在酒泉卫星发射中心发射，与我国首个空间站雏形天宫一号携手，共同执行我国首次空间交会对接任务

神舟九号载人飞船成功地执行了自动、手动交会对接任务，标志着我国自动交会对接技术及载人航天技术的进一步成熟

神舟十号飞船成功发射，中国天地往返运输系统首次应用性太空飞行拉开序幕

神舟十一号飞行任务是中国第6次载人飞行任务，也是中国持续时间最长的一次载人飞行任务，总飞行时间长达33天

在轨道上组装空间站一定要突破4项关键技术。换句话说，在建设中国空间站之前，必须掌握这些技术。首项就是太空行走技术，这已由神舟七号飞船完成；第二项就是空间交会对接技术，这已由神舟八号、神舟九号、神舟十号三艘飞船与天宫一号的空间飞行所突破；其他两项就是补给技术和再生式生命保障技术。已通过2016年发射的天宫二号空间实验室掌握了。补给技术之一，就是用货运飞船给天宫二号进行推进剂的补加，为此天宫二号将增加以前没有过的推进剂补加系统。再生式生命保障技术可分为物理化学式再生生保技术和受控生态式再生生保技术。物理化学式再生生保技术适合于中长期载人航天器的生命支持系统，是运用物理化学的方法，对航天员排泄的二氧化碳、水汽和尿液等废弃物进行回收利用，除补充食物以外，能够实现航天员氧、水等物质的供应平衡。其主要涉及电解水制氧、冷凝水和尿液的回收再利用、二氧化碳和微量有害气体去除等5个方面，与非再生技术的整合，从而构成能量流和物质流互相匹配协调的完整系统。受控生态式再生生保技术是按照生态学原理，建立人工的密闭生态系统，利用高等植物等生物部件生产食物、氧气和水等生命必需物资，从而实现系统内物质的完全闭合循环和生保物资的持续再生。受控生态式再生生保技术适合长期空间飞行和地外星球探测飞行。在天宫二号上主要试

神九飞船与天宫一号交会对接

天宫二号在技术厂房

验物理化学式再生生保技术。由此可见，天宫二号空间实验室的发射、运行和应用，为实施载人航天工程第三步任务积累经验提供了借鉴。只有掌握了这些技术，我们才能实施载人航天第三步工程，于2022年建成空间站，并向站上运送人员和补充物资，航天员才能在站里开展多种科学实验并在必要时立即出舱完成维修等任务，解决有较大规模的、长期有人照料的空间应用问题。此举将突破和掌握近地轨道上的空间站组合体的建造和运营技术、近地空间长期载人飞行技术，开展较大规模的空间应用，为经济社会发展提供先进的空间技术平台。

长征七号运载火箭

　　2011年9月中国政府批准中国的空间站工程，空间站的核心舱、两个实验舱以及长征七号运载火箭将全面转入飞行产品研制的实验。海南航天发射场（即文昌发射中心）基本完工，已具备发射条件。长征七号火箭采用两级半构型，近地轨道运载能力将达到13.5吨，于2016年从海南航天发射场运送天舟一号货运飞船升空，使其与天宫二号进行对接。随后将用长征五号运载火箭从文昌发射中心发射实验核心舱，进行空间站建造技术验证，计划在2022年前后完成中国空间站的建设工作。海南发射场将用于空间站的舱段、天舟号系列货运飞船以及·些大中型卫星的发射，而酒泉发射中心将负责神舟号系列载人飞船的发射，两大发射场是互补关系，在建设空间站过程中彼此配合工作。

天舟一号在技术厂房

我国载人空间站大致包括 1 个核心舱、2 个科学实验舱、1 艘神舟号载人飞船和 1 艘天舟号货运飞船，能与各种实验舱、载人飞船和货运飞船进行对接，总重量约 60 吨。全站各舱段将用新研制的长征五号大推力运载火箭从海南文昌发射中心起飞送入太空预定轨道，再通过空间交会对接组装起来。新研制的长征五号火箭近地轨道的运载能力是 25 吨，采用无毒无污染推进剂。这种新型火箭和空间站各舱段在天津滨海高新区大运载火箭基地和超大型航天器项目基地组装而成，并用轮船运送到海南文昌发射场。其中，重 20 吨的核心舱要求长期有人驻守。航天员的往返和物资补给将分别由神舟号系列飞船和天舟号系列货运飞船来承担。其近期任务主要是根据我国的实际国情，立足于独立掌握建设长期有人驻守的太空家园技术，同时进行不断创新和实际应用，保证可持续发展；长远目标是和平探索和利用太空资源、服务社会发展、造福人类。这将使我国成为世界上第三个独立研制和建成空间站的国家。

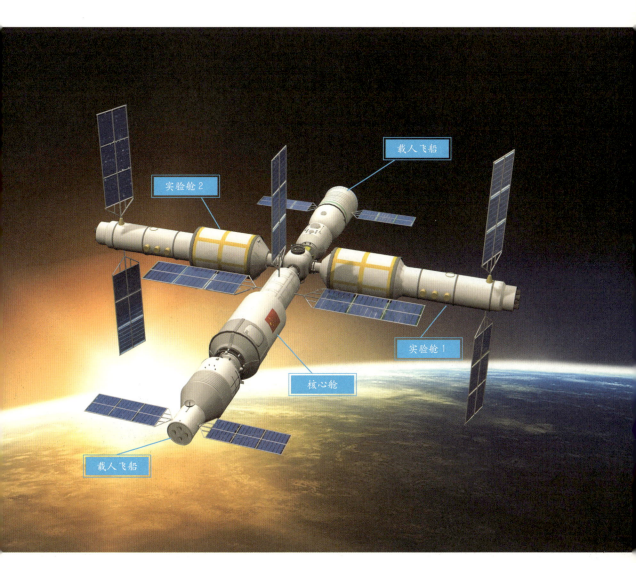

中国未来空间站构想示意图

　　在航天领域，专家常说的一句话是："造船为建站，建站为应用"。至今发射的宇宙飞船大多是作为空间站的天地往返交通工具和长期停靠在空间站上的救生艇使用的。我国空间站的建成和应用，必将为实现中国航天技术的飞跃和经济社会又好又快发展做出新的贡献。鉴于 16 国共同建成的国际空间站延期使用的最后期限为 2025 年，而中国空间站将在轨运行至少 10 年，因而国外媒体预言："在国际空间站坠落后，下一个轨道空间站将属于中国，这是完全可能的。中国或许是世界上唯一既有能力又有热情去入驻太空的国家"。未来我国空间站建成之后，也可能开展太空旅游，普通人亦可入住太空家园，亲身体验诱人的太空生活。

　　太空是全人类共有的资源，我国发展载人航天是按照中国整体计划来走，是为国家建设服务。中国载人航天在发展过程中始终坚持和平利用、平等互利、共同发展的原则，与世界多个国家和地区的航天机构与组织开展交流与合作。我国空间站能与其他国家舱段进行对接，并开展相关的科学实验工作。在空间站运行阶段，中国将着重开展在平台技术、空间应用、航天员选拔训练和技术成果推广领域的合作，共同推动载人航天事业的可持续发展，为世界的和平、繁荣和进步做出积极贡献。

中国航天员模拟训练的场景

协同训练

振动训练

旋转训练

在我国一共进行过两次航天员选拔，第一批选拔是 1995 年启动，1998 年首批 14 名航天员开始职业生涯。2009 年启动第二批选拔，2010 年包括 2 名女性在内的 7 名航天员开始职业生涯。这两批航天员正在为天宫二号以及后续空间站任务做准备。

2018 年 4 月 23 日，在庆祝第三个"中国航天日"主题活动中，时任中国载人航天工程办公室主任杨利伟代表中国载人航天工程办公室宣布，第三批预备航天员选拔工作正式启动，由中国航天员科研训练中心具体实施，分初选、复选、定选 3 个阶段，选拔 17 ～ 18 名航天员。

中国航天员模拟失重水槽训练

模拟训练舱

　　我国目前正在制定从非飞行员中进行选拔航天员的标准，由于空间站建成之后提供了一个国家级的实验平台，在上面执行任务的将有一定数量的科研人员，所以新一批航天员的选拔将会涉及相关工程和科技人员。不同类型航天员的选拔标准不同，涉及身体素质、操作技能、专业知识等多种因素。通过这样统筹规划和动态调整形成年龄结构合理、技术结构科学的航天员队伍。未来会有工程师、科学家和更多女性加入到中国航天员队伍中来。同时，我国已有为其他国家培养航天员的计划。

　　随着 2020 年我国全面建成小康社会和 2022 年中国空间站的升空运行，必将鼓舞全国人民加速为 21 世纪中叶基本实现现代化宏伟目标的前进步伐。中国人民为创造更加美好未来而演奏的复兴中华的交响乐曲将响彻太空。同时，我国的空间站遨游太空与航天事业的迅猛发展，将为现在的少年儿童成才之后发挥聪明才智提供广阔的舞台。

链接　戚发轫：多个卫星型号和飞船的总设计师

　　戚发轫，1933年4月出生，辽宁省复县人。1957年毕业于北京航空学院飞机系，分配到中国运载火箭技术研究院工作。1967年调入中国空间技术研究院从事卫星和飞船的研制，曾任研究院副院长、院长，同时担任过多个卫星型号和飞船的总设计师。在主持神舟号飞船时制定了具有中国特色、符合中国实际情况的总体方案，使神舟五号飞船完成了中国首次载人飞行。作为总设计师，他在解决飞船研制过程中的重大工程技术问题上发挥了指导和决策作用，做出了系统的、创造性的成就和贡献。曾获得国家科技进步奖特等奖两次，一等奖、三等奖各一次，航空航天部劳动模范，全国"五一劳动奖章"，国家有突出贡献的中青年专家，享受政府特殊津贴。2000年获中国工程科技奖，2001年当选为中国工程院院士，2003年获何梁何利基金科学与进步奖的技术科学奖。现任中国空间技术研究院技术顾问，兼任北京航空航天大学宇航学院名誉院长，博士生导师，国际宇航科学院院士。

后　记

　　随着我国航天事业的高速发展和取得的辉煌成绩，航天的科技成果和动态已成为全国人民关注的热点，尤其是广大青少年对航天技术表露出浓厚的兴趣。航天院士和技术专家在全国各地宣讲航天知识时也深切感受到孩子们对航天知识的渴望。基于此，《筑梦科技·航天篇》系列丛书得以策划出台。

　　本套丛书分为《载人航天》《神剑腾飞》《卫星巡天》《九天揽月》和《登天火箭》五册。主要围绕最新的航天科技成果，结合当前人们最关心的航天科技话题，以生动活泼的形式系统介绍航天技术的发展过程和相关知识，并以此为主线，穿插介绍我国航天领域的科技专家。目的是在青少年中广泛宣传"'中国梦'就要通过'科技强国'来实现"的理念，将实现"中国梦"具体化、形象化。丛书通过对航天知识的介绍，使广大读者了解我国航天事业从无到有，从小到大，从弱到强的发展过程以及科学家及广大科技工作者艰辛的奋斗历程，深刻理解科技强国实现"中国梦"的内涵。

　　在本套丛书的成书过程中，得到了中国航天科工办公室和中国科学院院士梁思礼、中国工程院院士张履谦的极大关注和大力支持。在选题策划会上，两位老院士不顾年事已高，亲自参加会议，对这套图书寄予了深切希望；航天领域的专家吴国兴、尹怀勤、刘登锐、孙宏金、杨建亲自执笔，并进行了多次修改，保证了图书的专业性和权威性；原中国科普作协秘书长、时任科学普及出版社人物研究所顾问的张秀智老师从选题的提出到稿件的组织提出了宝贵的意见和建议；丛书主编田如森老师参与了策划、设计、审稿全过程，对图书的出版倾注了大量心血和精力；负责排版的徐文良老师不辞辛劳，一遍遍不厌其烦地修改完善版式设计，花费了大量时间……在此向他们深表感谢！正是由于大家的共同努力，才使本套丛书得以顺利出版。另外，本书编写中参考了《中国航天报》《中国航天》《太空探索》《国际太空》等报刊上的有关文章，以及《当代中国的航天事业》等书籍，感谢南勇、田锋、秦宪安、张贵明、吴国兴、邱乃勇、张贵玲、张彧、田奕、林巧英、张旭明、张淑芳等提供资料，同时感谢中国宇航学会的帮助和支持。

　　本套丛书在内容上不求"面面俱全"，不求知识层面上"大的系统性、完整性"，而要做到"答疑而有趣"，就某一个问题进行系统性的讲解，且知识深度适宜；在版式上坚持以图为主，多用真实图片来普及航天知识。由于出版时间有限，错误和缺陷在所难免，希望读者和专家不吝赐教。